After Effects

视频后期特效制作

赵俊杰 王云 沈阔 石家静 /编著

人民邮电出版社

北京

图书在版编目（CIP）数据

After Effects视频后期特效制作 / 赵俊杰等编著
. -- 北京：人民邮电出版社，2022.3
ISBN 978-7-115-57935-5

Ⅰ. ①A… Ⅱ. ①赵… Ⅲ. ①图像处理软件 Ⅳ.
①TP391.413

中国版本图书馆CIP数据核字(2021)第234286号

内 容 提 要

学习 After Effects，不仅要学习如何操作，更应该学习利用 After Effects 解决实际工作中各种任务和问题的思路。本书以实际工作中常见的任务和问题为切入点，系统地介绍利用 After Effects 制作各类视频特效的方法、技巧和经验。

全书共 9 课，第 1 课讲解 After Effects 的基础知识。第 2~7 课围绕 After Effects 的主要功能设计了丰富的案例，以讲解 MG 动画制作、蒙版、遮罩、抠像、跟踪、效果控件、3D图层、摄像机及调色的相关知识。第 8 课和第 9 课通过两个综合项目，整合运用前 7 课的知识，讲解完整影片的高质量制作方法。此外，每课设有"训练营"栏目，帮助读者巩固所学知识。

本书内容由浅入深，将知识讲解与实操训练相结合，案例贴合实际应用，零基础的读者也能通过学习本书快速上手，并能解决工作中的常见问题。此外，本书配有视频课程、PPT 课件等教学资源，适合各类院校相关专业的师生使用。

◆ 编　著　赵俊杰　王　云　沈　阔　石家静
　　责任编辑　罗　芬
　　责任印制　彭志环
◆ 人民邮电出版社出版发行　　北京市丰台区成寿寺路 11 号
　　邮编　100164　　电子邮件　315@ptpress.com.cn
　　网址　https://www.ptpress.com.cn
　　北京捷迅佳彩印刷有限公司印刷
◆ 开本：700×1000　1/16
　　印张：12　　　　　　　　2022 年 3 月第 1 版
　　字数：230 千字　　　　　2024 年 7 月北京第 3 次印刷

定价：59.90 元

读者服务热线：(010)81055410　印装质量热线：(010)81055316
反盗版热线：(010)81055315
广告经营许可证：京东市监广登字 20170147 号

资源与支持

在应用商店中搜索下载"每日设计"App，打开App，搜索书号"57935"，即可进入本书页面，获得全方位增值服务。

▌ 配套资源

① 导读音频：由作者讲解，介绍全书的精华内容。

② 思维导图：通览全书讲解逻辑，帮助读者明确学习目标。

③ 配套讲义：对全书知识点的梳理及总结，方便读者更好地掌握学习重点。

▌ 软件学习和作业提交

① 案例和练习题的素材文件和源文件：让实践之路畅通无阻，便于读者通过对比作者制作的效果，完善自己的作品。在"每日设计"App本书详情页的末尾可以获取下载链接。

② 课堂练习的详细讲解视频：题目做不出来不用怕，详细讲解视频来帮忙。在"每日设计"App本书页面的"配套视频"栏目，读者可以在线观看或下载全部配套视频。

③ 训练营：读者做完的案例和练习题可以打包提交到"每日设计"App的"训练营"栏目，并可在此获得专业人士的点评。

▌ 拓展学习

① 热文推荐：在"每日设计"App的"热文推荐"栏目，读者可以了解AE的最新信息和操作技巧。

② 老师好课：在"每日设计"App的"老师好课"栏目，读者可以学习其他相关的优质课程，全方位提升能力。

▌ 特别鸣谢

在此特别感谢南京城市职业学院数字文创学院的叶舒飏老师为本书第2课、第5课和第8课提供设计素材。

目录

第 **5** 课

用好效果控件，提升修片效率

第 **6** 课

模拟真实场景——3D 图层与摄像机

第 **7** 课

这才叫专业—— 颜色校正与质感营造

第/**8**课

模拟真实项目—— 制作《狂野非洲》预告片

第/**9**课

模拟真实项目—— 制作《家的味道》片头

第 1 课

After Effects
快速入门

每日设计

学习一款软件通常是从认识软件的界面开始。本课将讲解Adobe After Effects CC 2019（以下简称AE）界面的相关知识，包括面板的主要功能、常用的工具、基本的操作，以及软件性能的优化等内容。

1. 熟悉 AE 主界面与基础操作

AE 的主界面被称为应用程序窗口，在这个窗口内的区域被称为工作区。工作区默认包含多组面板，如图 1-1 所示。

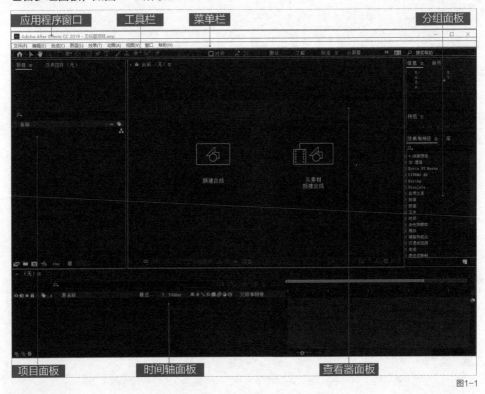

图1-1

自定义工作区

每个应用程序的工作区都有属于自己的一组面板。使用者可以自定义适合自己工作风格的工作区。可以将面板拖曳到新的位置、拖进或拖离一个组，或在面板边缘处拖曳调整面板的大小，如图 1-2 所示。

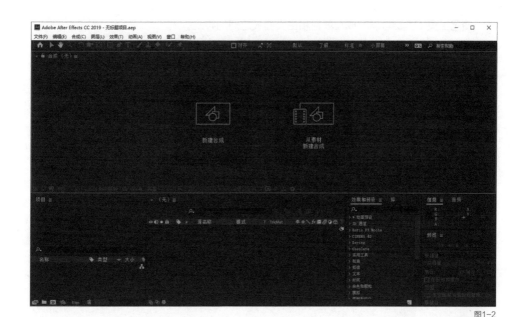

图1-2

自定义工作区后，执行【窗口 – 工作区 – 保存对此工作区所做的更改】命令，或执行【窗口 – 工作区 – 另存为新工作区 ...】命令，可以存储自定义的工作区。

AE 提供了几种不同形式的工作区。执行【窗口 – 工作区】命令，可以选择工作区，如图 1-3 所示。

经过长期工作后，工作区的面板可能会变得杂乱，此时执行【窗口 – 工作区 – 将"XX"重置为已保存的布局】命令，工作区即可恢复到原来的样子。

图1-3

工具栏

工具栏中包含用于在合成中添加元素和编辑元素的各类工具，如图 1-4 所示。工具被选中后显示为蓝色。功能相似的工具组合在一起形成工具组，在工具按钮上长按鼠标左键即可展开组内的相关工具。

图1-4

使用主页工具🏠可以完成在项目和主页面板之间的导航。

使用选取工具▶可以对工作区内的素材进行选择等操作。

使用手形工具✋可以在查看器面板中整体移动画面。

使用缩放工具🔍可以放大或缩小指定区域。

使用旋转工具⟳可以对指定的素材进行旋转操作。

使用摄像机工具组▦可以通过摄像机图层从不同角度和距离查看 3D 图层。

使用向后平移（锚点）工具▦可以显示并移动素材的锚点。此工具本书中称为锚点工具。

使用图形工具组▦可以创建相应的图层，此工具组包含矩形工具、圆角矩形工具、椭圆工具、多边形工具和星形工具。

使用钢笔工具组✒可以通过添加锚点的方式创建图形、蒙版及蒙版羽化等。

使用文字工具组🅣可以直接在工作区域创建文本框实现文字输入。

使用画笔工具✏可以用当前前景色在图层上绘画。

使用 Roto 笔刷工具✏可以创建初始遮罩并将物体与其背景分离。

时间轴面板

时间轴面板用于显示已载入当前合成的图层及时间轨迹。其中，时间轴面板的左侧显示图层，右侧的时间指示器中显示时间轨迹，如图 1-5 所示。

图1-5

开启左下角 3 个按钮对应的功能可以对图层进行更多操作。3 个按钮对应的功能均未开启时，时间轴面板如图 1-6 所示。单击█按钮可以展开或折叠"图层开关"栏，只按下此按钮时，时间轴面板如图 1-7 所示；单击█按钮可以展开或折叠"转化控制"栏，只按下此按钮时，时间轴面板如图 1-8 所示；单击█按钮可以展开或折叠"入""出""持续时间""伸缩"栏，只按下此按钮时，时间轴面板如图 1-9 所示。

图1-6　　　　　　　　　　　　　　　　　　　　　　　　　图1-7

图1-8

图1-9

时间码的两种显示方式如图 1-10 所示，按住 Ctrl 键在时间码上单击即可切换。时间指示器与其同步，拖曳时间指示器或直接输入值可改变时间码。

图1-10

单击"图表编辑器"按钮可以使时间轨迹部分变为图表状态。

单击"眼睛"按钮可以启用或禁用图层视觉效果。

单击"独奏"按钮可将设置为"独奏"外的其他所有图层排除在渲染之外，这也适用于查看器面板中的预览和最终输出。

单击"父级关联器"按钮可以为两个图层创建父子关系，子级图层可以跟随父级图层发生相应的变化，此功能在制作 MG 动画中经常用到。

打开、创建及保存项目

启动 AE 后，首先打开"主页"界面，如图 1-11 所示。

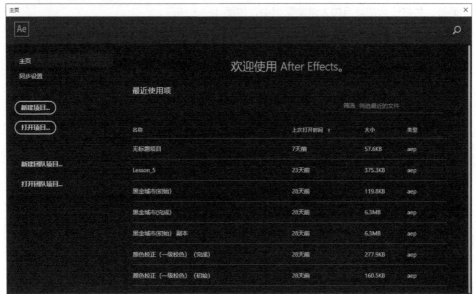

图1-11

单击"主页"界面上的"新建项目 ..."按钮可以创建新项目，单击"打开项目 ..."按钮可以打开项目文件。如果某个项目处于打开状态时想要创建新项目，执行【文件 - 新建 - 新建项目】命令即可；想要打开项目，执行【文件 – 打开项目】命令，在弹出的"打开"对话框中选择想要打开的项目，然后单击"打开"按钮即可。

如果某个项目已经打开且对其进行过操作，再执行创建或打开其他项目文件的命令，AE 会提示保存已经打开的项目，如图 1-12 所示。

图1-12

2. 如何渲染输出影片

渲染是合成创建帧的过程。帧的渲染是在构成该图像模型合成中的所有图层、设置和其他信息的基础上创建合成的二维图像的过程，影片的渲染是指对构成影片的每个帧都进行渲染。

添加到渲染队列

在 AE 中，渲染和导出影片的主要方式是使用渲染队列面板。在项目面板中选中需要渲染的合成，按快捷键 Ctrl+M 或执行【合成 – 添加到渲染队列】命令，即可打开渲染队列面板，并将该合成项目加入渲染队列中，如图 1-13 所示。

图1-13

很多时候，并不需要将整个动画或者影片渲染出来，这时就需要限制渲染范围。按 B 键设置渲染范围的入点，按 N 键设置渲染范围的出点，如图 1-14 所示。

图1-14

AE 可以将多个合成按照渲染队列中的顺序进行渲染。AE 在默认情况下会批量渲染多个合成。单击渲染队列面板右上角的"渲染"按钮后，AE 将按照渲染队列面板中的顺序渲染所有状态为"已加入队列"的合成。

渲染设置

默认情况下，渲染项的渲染设置基于当前项目设置和合成设置。渲染设置也可以手动修改。

图1-15

单击渲染队列面板"输出到"后的下拉按钮，调整输出文件的名称及路径，或单击"输出到"旁边的文本框，输入输出文件的路径及名称，如图 1-15 所示。

要更改渲染项的渲染设置，可以单击渲染队列面板中"渲染设置"后的渲染预设（蓝色文字），在弹出的"渲染设置"对话框中调整设置，如图 1-16 所示。

图1-16

要将渲染预设应用于选中的渲染项，单击渲染队列面板中"渲染设置"后的下拉按钮，在下拉列表中选择预设的选项即可，如图 1-17 所示。

"最佳设置"选项常用于渲染最终输出。

"草图设置"选项适用于审阅或测试运动，如果只想输出一个基本样稿，可以选择此选项。

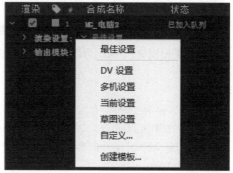

图1-17

输出模块设置

通过输出模块设置可以指定最终输出的文件格式、输出颜色配置文件、压缩选项和其他编码选项。在渲染列队面板中单击"输出模块"后的蓝色文字，可打开"输出模块设置"对话框，如图 1-18 所示。

在渲染之前，应检查"输出模块设置"对话框中的"自动音频输出"选项。要渲染音频，应选择"自动音频输出"选项；若合成不包括音频，则不选择图"自动音频输出"选项，以免增加渲染文件的大小。

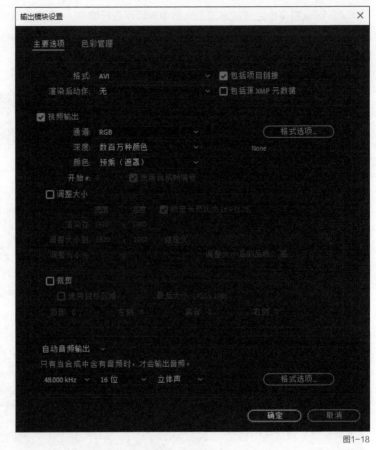

图1-18

同一个合成若需要渲染多种格式，可以单击图 1-15 中"输出模块"后的"+"按钮，添加新的输出模块。例如，可以用此设置分别渲染出影片的高分辨率版本和低分辨率版本。

提示 ⚡

在渲染队列面板中，可以同时管理多个渲染项，每个渲染项都有自己的渲染设置和输出模块设置。在管理渲染项时，要检查每个渲染项的帧速率、持续时间、分辨率和品质。

在渲染设置之后应用的输出模块设置，要检查格式、压缩选项、裁剪和是否在输出文件中包括项目链接。

使用渲染队列面板，可以将同一合成渲染成不同的格式，或使用不同的设置对同一合成进行渲染。

单击渲染队列面板右上角的"渲染"按钮可完成这些操作：将合成输出为静止图像序列，如 Cineon 序列，然后将该序列转换为影片以便在电影院放映；将合成使用无损压缩或不压缩输出到 QuickTime，以转换到非线性编辑系统进行视频编辑。

渲染输出影片

单击渲染队列面板右上角的"渲染"按钮，开始渲染。将合成渲染成影片，需要几秒或数小时，具体时间长短取决于合成的帧大小、复杂性和压缩方法，渲染完成后会响起提示音。

渲染完成后，渲染的合成仍位于渲染队列面板中，状态更改为"完成"。不能再次渲染已经完成渲染的合成，但是可以复制它，以使用相同的渲染设置在渲染队列中创建新的渲染。

 　　打开每日设计 App，输入并搜索"WZ020101"即可打开《AE 渲染输出》的文章。

3. 如何优化 AE 的性能

AE 的渲染需要大量内存和硬盘存储空间，AE 的性能及计算机的配置决定了 AE 的渲染速度。

以下操作可以优化 AE 的性能：退出不需要使用的应用程序；停止其他应用程序中占用大量资源的操作；在较快的本地磁盘驱动器上保存项目的源素材文件；将磁盘缓存文件夹分配到一个单独的快速磁盘。

软件重置

软件重置一般适用于以下两种情况：软件在使用过程中出现卡顿或非正常运行状态；软件使用很长一段时间以后，将其恢复为默认状态。

如果遇到软件卡顿等情况，很多人会将软件卸载并重新安装，其实只需要重置软件即可。软件重置的方法是，在 AE 处于关闭状态时，打开"此电脑 – 文档 –Adobe"文件夹，找到并删除"After Effects CC 2019"文件夹，如图 1–19 所示。

图1–19

媒体和磁盘缓存

执行【编辑－首选项－媒体和磁盘缓存】命令，对媒体和磁盘缓存相关选项进行设置，如图 1-20 所示。

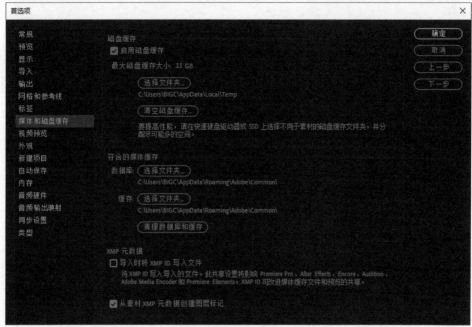

图1-20

要提高 AE 的性能，可以通过设置"最大磁盘缓存大小"来实现：在快速磁盘驱动器或固态硬盘（SSD）上选择不同于源素材文件夹的磁盘缓存文件夹，并分配尽可能多的空间；也可以设置"符合的媒体缓存"，通过清理数据库和缓存优化渲染环境。

执行【编辑－首选项－内存】命令，对内存相关选项进行设置，如图 1-21 所示。调整内存面板里"为其他应用程序保留的 RAM"的值优化渲染环境。

图1-21

4. 了解图层、合成与项目的关系

图层、合成和项目在 AE 中使用频繁。一个 AE 的工程文件（以下简称 AEP）就是一个项目，一个项目可以包含多个合成，一个合成可以包含多个图层，将素材文件拖入合成的时间轴面板中就生成了图层。

图层、合成与项目的关系

一个 AEP 就是一个项目，它就像一个文件夹，所有导入 AE 的素材文件和创建的合成都可以在这里看到，如图 1-22 所示。

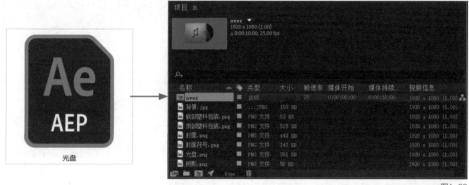

图1-22

如果说项目是一栋楼，那么合成就是建造这栋楼的标准，也就是说，合成是项目的标准。那么，什么是标准呢？

使用鼠标右键单击项目中的合成，在弹出菜单中执行【合成设置】命令，可以看到当前项目的分辨率、帧速率，以及其他设置，这就是这个项目的标准，如图1-23 所示。

对于项目中新建的合成，在"合成设置"对话框中进行相关设置就是为项目制定标准。

图1-23

合成可以被看作一个个的组，每个组中包含一个个的图层，如图 1-24 所示。创建一个合成后就会出现合成的时间轴面板，图层将在合成的时间轴面板中创建出来。

图1-24

图层就像一栋楼的建筑材料，也就是说，图层是组成项目的基础，如图 1-25 所示。

图1-25

图层有多种类型，如图片、文字和声音等，每个图层具有不同的属性，包括几个基本属性和添加不同效果后获得的附加属性。

项目

当一个项目处于打开状态，又需要新建一个项目时，不必关闭软件，执行【文件－新建－新建项目】命令即可新建一个项目。

打开一个项目后，在项目面板右侧的下拉列表中可以执行相应的命令将项目面板关闭或以浮动面板的方式呈现，如图 1-26 所示。如果不小心关闭了项目面板，执行【窗口－项目】命令即可重新打开项目面板。

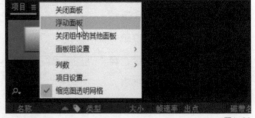

图1-26

在项目面板中双击或执行【文件－导入】命令即可导入各种文件。

合成

执行【合成－新建合成】命令、按快捷键 Ctrl+N 或在项目面板中单击"新建合成"按钮，弹出"合成设置"对话框，在其中完成设置后单击"确定"按钮，即可新建合成。下面讲解几种根据素材项目创建合成的方法。

▌根据单个素材项目创建合成

在项目面板中选中某个素材项目，将其拖曳到位于项目面板底部的"新建合成"按钮上，或执行【文件 – 基于所选项新建合成】命令，即可根据单个素材项目创建合成，此时帧大小（宽度和高度）和像素长宽比会自动与素材项目匹配。

▌根据多个素材项目创建单个合成

在项目面板中选中多个素材项目，将选中的素材项目拖曳到位于项目面板底部的"新建合成"按钮上，或执行【文件 – 基于所选项新建合成】命令，弹出"基于所选项新建合成"对话框。在其中选择"单个合成"单选项并对其他选项进行设置，如图 1-27 所示。

在"使用尺寸来自"选项中可以选择新建合成的尺寸来自哪个素材项目。

"静止持续时间"是指添加的静止图像的持续时间。勾选"添加到渲染队列"选项可以将新合成添加到渲染队列

图1-27

中。勾选"序列图层"选项可以按一定的顺序排列图层。勾选"序列图层"和"重叠"选项后可以对"持续时间"和"过渡"选项进行设置。

▌根据多个素材项目创建多个合成

在项目面板中选中多个素材项目，将选中的素材项目拖曳到位于项目面板底部的"新建成成"按钮上，或执行【文件 – 基于所选项新建合成】命令，弹出"基于所选项新建合成"对话框，在其中选择"多个合成"单选项并对其他选项进行设置。

图层

一般将 AE 中的图层分为以下 5 类。

素材图层。基于导入的素材文件形成的图层，如视频图层和音频图层等。同一个素材文件可以作为多个图层的源，并可以以不同的方式使用。将项目面板中的素材文件拖曳到时间轴面板中即可创建素材图层。

功能图层。这种图层常用来执行一些特殊的操作，如摄像机图层、光照图层、调整图层和空对象图层等。

纯色图层。在 AE 内创建的纯色素材图层。

合成图层。未基于素材项目而形成的图层，无法在图层面板中打开，如形状图层和文本图层。将合成图层转换为预合成图层后可在图层面板中打开。

预合成图层。基于合成而形成的图层，在修改时不会影响其源合成。

除明确链接的图层外，对一个图层所做的更改不会影响其他图层。

大多数图层可以通过在时间轴面板的空白处单击鼠标右键，在弹出菜单中创建，如图1-28 所示。

图1-28

合成中图层的属性

每个图层都具有属性，修改图层属性可以为其添加动画。每个图层都具有"变换"属性组，如图 1-29 所示。在将某些功能、效果等添加到某个图层中时，该图层将获得相关属性。

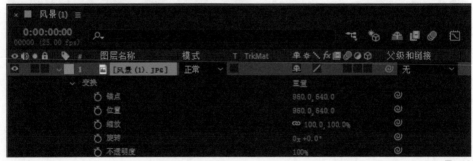

图1-29

▌ 基本属性

大多数属性具有"码表"按钮 ，可以为具有码表的属性制作属性动画，也就是说，可以随着时间的推移对这些属性进行更改。

"约束比例"按钮 在图 1-29 中的"缩放"选项后出现，按下该按钮可等比例缩放该图层。若没有出现"约束比例"按钮，则可以单独调整该图层横向和纵向的缩放比例。

"锚点"属性表示的是图层锚点在该图层中的坐标。"位置"属性和"旋转"属性等都是基于"锚点"属性变化的。如将某个图层的"旋转"属性值调整为"30"，那么这个图层将以其锚点为中心顺时针旋转30°，如图 1-30 所示。

图1-30

　　"位置"属性表示的是图层在画布中的坐标。更改图层的"位置"属性，可以使其在不同时间节点的位置不同，从而实现图层移动的效果。

　　通过"缩放"属性可以围绕图层的锚点调整图层的缩放效果。一些图层没有"缩放"属性，如摄像机图层、光照图层和音频图层。

　　通过调整"旋转"属性可以使图层围绕其锚点进行旋转。在 AE 中可直接设置图层旋转的圈数，360° 为 1 圈。例如，要制作图层旋转 1 圈再多 30° 的动画，经过计算该图层一共旋转了 390°，在 AE 中"旋转"属性会以圈数和度数显示，如图 1-31 所示。这样，将图层旋转很多圈时，不用再计算图层一共要旋转多少度。

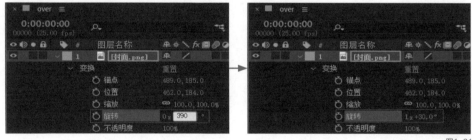

图1-31

　　调整"不透明度"属性可以更改图层的不透明度，调整图层在不同时间节点的"不透明度"可以达到渐显或渐隐的效果。

▍附加属性

　　图层除了基本属性还可以获得附加属性，如为图层绘制蒙版、添加效果等。

　　图 1-32 所示是在图层上绘制了一个蒙版，该图层获得了蒙版的相关附加属性。图 1-33 所示是为图层添加了高斯模糊效果，该图层获得了高斯模糊效果的相关附加属性。

图1-32 图1-33

 打开每日设计 App，输入并搜索"SP020101"观看本课的详细教学视频。

训练营 1 熟悉 AE 的基础操作

打开 AE，新建一个名为"基础操作练习"的项目，导入一些素材文件，然后创建一个尺寸为 1920px×1080px 的合成，在合成中分别创建素材图层和纯色图层。

▌ 练习考查要点

◆ 如何创建项目。

◆ 如何设置合成的尺寸。

◆ 如何创建不同种类的图层。

打开每日设计 App，在本书页面的"训练营"栏目可以找到本题。提交作业，即可获得专业的点评。

一起在练习中精进吧！

制作简单的
MG 动画

 每日设计

　　MG动画是时下非常流行的一种动画形式。与静态图片相比，它是一种更加酷炫的视觉表达形式，扁平化的设计风格加上制作者天马行空的想象力，能够演绎出独特的动态视觉效果，而且它的文件较小，易于传播。

　　本课将通过两个简单MG动画的制作，帮助读者快速熟悉AE的基础操作，建立学习AE的信心。

1. 每个新手都绕不开的小球弹跳动画

　　先做个小球弹跳动画。在制作小球弹跳动画时，将使用纯色图层和形状图层，主要通过形状图层的基本属性——"缩放""位置"和"不透明度"，制作关键帧动画，实现小球的弹跳。

打开每日设计 App，输入并搜索
"SP020201"观看该动画。

新建合成，在合成中完成后续操作

　　打开 AE，执行【合成－新建合成】命令，在弹出的对话框中为合成命名并设置合成参数，完成合成的创建，如图 2-1 所示。在项目面板、查看器面板和时间轴面板中可以看到创建的合成。

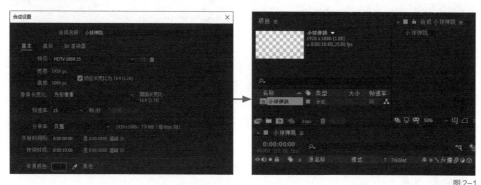

图 2-1

新建纯色图层，作为动画的背景

　　在时间轴面板的空白处单击鼠标右键，在弹出的菜单中执行【新建－纯色】命令，在弹出的"纯色设置"对话框中为图层命名，并调整图层颜色，如图 2-2 所示。这里为动画制作黄色的纯色背景。

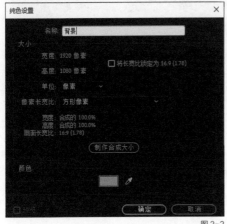

图 2-2

知识点：创建图层

要创建图层，有以下两种常用的方法。

◆在时间轴面板的空白处单击鼠标右键，在弹出的菜单中执行【新建】下的命令。

◆执行【图层 - 新建】命令。

提示 ⚡

创建一个新的图层后，要及时为图层命名。在工作中，一个项目可能涉及几十或几百个图层，只有及时为图层命名，才能在后期的工作中快速找到需要操作的图层，从而提高工作效率。

创建动画的主角——小球

利用形状图层制作小球。先创建一个形状图层。在工具栏中长按矩形工具，展开图形工具组。双击椭圆工具，在查看器面板的画布中会出现了一个椭圆，且时间轴面板中"形状图层 1"图层的"内容"下出现"椭圆 1"选项，如图 2-3 所示。展开"椭圆 1"选项，调整相关选项，得到想要的小球，如图 2-4 所示。

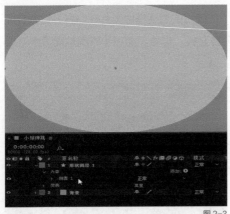

图 2-3

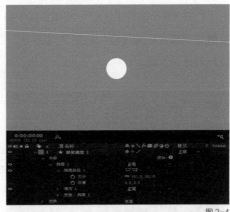

图 2-4

知识点：工具

◆相似的工具组合在一起形成工具组，在工具按钮上长按鼠标左键即可展开组内相关工具。

◆右下角有小三角按钮的工具组可以被展开。

◆工具被选中后显示为蓝色。

为小球更换自己喜欢的颜色

展开"填充 1"选项，单击"颜色"后的色块，在弹出的"颜色"对话框中即可调整小球的颜色，这里调整为白色，如图 2-5 所示。

图 2-5

制作小球下落到地面的动画

要制作小球下落到地面的动画，需要小球在比较高的位置。选中"形状图层 1"图层，将时间指示器拖曳到第 0 帧，将小球的位置调整到画面上方，使其在画面中消失，单击"位置"前的"码表"按钮添加关键帧。

将时间指示器拖曳到第 18 帧，调整小球的位置，使其出现在画面中较低的位置，

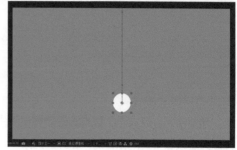

图 2-6

如图 2-6 所示，记录此位置，作为"地面"位置。改变"位置"的值后，系统在当前时间对应的位置自动生成一个关键帧，如图 2-7 所示。从第 0 帧到第 18 帧，小球从画面外下落到"地面"。

图 2-7

知识点：启用与停用关键帧

◆单击属性前的"码表"按钮，激活码表，可以启用该属性的关键帧；再次单击属性前的"码表"按钮，关闭码表，可以停用该属性的所有关键帧。

◆当码表处于激活状态时，更改该属性的值，AE 将自动设置或更改当前时间下该属性的关键帧。

◆要想在不改变属性值的情况下在其他时间点添加关键帧，可单击码表前的 ◆ 按钮。

◆要想删除任意数量的关键帧，选中它们并按 Delete 键即可。

> **提示** ⚡
>
> 使用 AE 制作关键帧动画，不需要绘制出每一帧动画，只需要制作首尾关键帧的动画，系统会自动补齐中间的动画，且画面非常流畅。

制作小球上下弹跳的动画

制作小球上下弹跳动画的方法类似于制作小球下落到地面的动画。将时间指示器拖曳到不同时间点，调整小球的位置。将小球位置调高，小球弹起，将小球位置调低，小球下落，如图 2-8 所示。

图 2-8

改变小球弹跳的节奏

预览动画，会发现小球弹跳的动画过于生硬，没有节奏感。同时选中几个关键帧，在任意关键帧上单击鼠标右键，在弹出的菜单中执行【关键帧辅助 - 缓动】命令，改变小球弹跳的节奏。单击"图表编辑器"按钮 ▤，会看到关键帧变为贝塞尔曲线。单击"选择图表类型和选项"按钮 ▤，在下拉列表中勾选【编辑速度图表】选项，"图表编辑器"中的曲线变为速度曲线。调整曲线，可进一步改变小球弹跳的节奏，如图 2-9 所示。

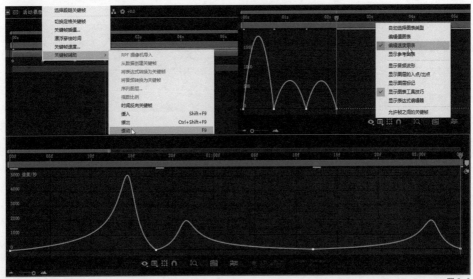

图 2-9

知识点：关键帧的类型

◆菱形关键帧 ◆是普通的关键帧。

◆使用缓入缓出关键帧 ◆能够使运动变得平滑，选中关键帧，按 F9 键可以将其设置为缓入缓出关键帧。

知识点：图表编辑器

◆一般情况下，"图表编辑器"处于关闭状态，时间轨迹仅显示水平时间元素。

◆打开"图表编辑器"后，时间轨迹显示用于表示属性值的图表。

◆有两种类型的图表：值图表，显示属性值；速度图表，显示属性值变化的速率。

◆单击"使所有图表适于查看"按钮 ◆，"图表编辑器"中的曲线会更加易于查看。

制作小球缩放动画，把小球拉长、压扁

下面按照制作小球弹跳动画的方法制作小球缩放动画，使小球下落时的形状变长、弹跳时的形状变扁。将时间指示器拖曳到不同时间点，调整小球的缩放效果。

知识点：约束比例

单击"缩放"后的"约束比例"按钮 ◆ 只能等比例缩放图层；再次单击"约束比例"按钮取消约束后，可单独调整图层横向和纵向的缩放比例，如用在这里，将小球拉长、压扁。

让小球在弹跳中"变身"

下面制作小球在弹起过程中变为方形的动画。新建一个形状图层，将其重命名为"方形"，使用矩形工具配合基础属性，得到和小球一样颜色的矩形，如图 2-10 所示。

图 2-10

将"形状图层 1"图层的结束工作时间限制在小球落在"地面"的时间，同时"方形"图层开始工作。

选中"形状图层 1"图层，将时间指示器拖曳到指定时间，执行【编辑 - 拆分图层】命令，"形状图层 1"图层被拆分为两个图层——"形状图层 1"图层和"形状图层 2"图层。"形状图层 1"图层在时间指示器的位置结束工作，"形状图层 2"图层在时间指示器的位置开始工作。删除"形状图层 2"图层，将"形状图层 1"图层重命名为"圆形"。用同样的方法得到在时间指示器位置开始工作的"方形 2"图层。

拖曳"方形 2"图层使方形与小球的中心点重合，接着同时选中"圆形"图层"位置"关键帧后 3 帧，按快捷键 Ctrl+C 复制关键帧，然后选中"方形"图层，按快捷键 Ctrl+V 粘贴关键帧，如图 2-11 所示，使"方形 2"图层重复"圆形"图层"位置"关键帧后 3 帧的动画。

图 2-11

知识点：复制粘贴关键帧

选中关键帧后，按快捷键 Ctrl+C 可复制关键帧。选中要重复这些关键帧的图层，按快捷键 Ctrl+V 可粘贴关键帧。

提示 ⚡

按 U 键可显示关键帧信息。

调整动画，使圆形变方形的动画过渡自然

单击"方形 2"图层前的下拉按钮，单击"内容"后"添加"旁的 ◉ 按钮，在弹出的下拉列表中选择"圆角"选项，展开"圆角 1"属性，调整"半径"值，使圆形中心点与方形中心点重合时方形变为圆形，如图 2-12 所示。打开"半径"的码表，设置"半径"关键帧动画，使小球在弹起后变为方形。

图 2-12

还可以制作更多动画，增添更多变化，如利用"旋转"关键帧动画让方形在下落过程中旋转几圈。

打开每日设计 App，输入并搜索"SP020202"观看本案例的详细教学视频。

2.Loading 动画原来这样就能制作

　　Loading 动画在设计中是一个经常用到的效果，它能缓解用户在等待过程中的焦虑，也能用来宣传品牌，增加曝光率。下面将学习如何在 AE 中制作 Loading 动画。

导入 AI 文件，并将 AI 图层转换为形状图层

　　在 Illustrator 中打开"loading"AI 文件，将动画元素保存成独立的图层并命名，如图 2-13 所示。将"loading"AI 文件调整并保存后，打开 AE，以工程文件格式导入该文件。

　　执行【文件 – 导入】命令，选中"loading"AI 文件，确定导入格式为"Illustrator/PDF/EPS"，将"导入为"设置为"素材"，不勾选"创建合成"选项，单击"导入"按钮，如图 2-14 所示。

图 2-13

图 2-14

知识点：导入 AI 文件（以素材或合成形式导入）

　　◆以素材形式导入，可以选择 AI 文件中的一个或多个图层导入，导入的尺寸可以选择根据图层大小或者文档大小导入。

　　◆以合成形式导入，可以通过 AI 文件直接生成合成文件。要注意的是，以此方式直接生成的合成文件尺寸由 AI 文件决定，在"合成设置"对话框中可以修改文件尺寸。

　　◆导入 AI 文件，需要先在 Illustrator 中整理好图层。一个图层只能包含一个子级图层，若一个图层中含有多个子级图层，那么该图层在导入 AE 后将被合并成一个形状图层，这会给单个图层的编辑造成很大的麻烦。

在弹出的"loading.ai"对话框中,将"导入种类"设置为"合成",将"素材尺寸"设置为"图层大小",单击"确定"按钮。AI文件导入后,在项目面板中双击"loading"合成,时间轴面板中将显示该合成内所有图层的信息,如图2-15所示。

选中所有图层,单击鼠标右键,在弹出的菜单中执行【创建-从矢量图层创建形状】命令,将AI图层转换为需要的形状图层,删除时间轴面板中所有AI格式的文件,如图2-16所示。

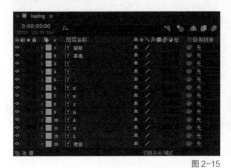

图2-15

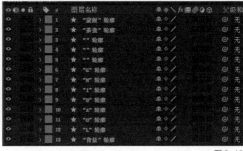

图2-16

利用形状图层制作茶壶中的茶水

新建一个形状图层,在工具栏中将"填充"设置为黄色,双击矩形工具,创建黄色矩形。在时间轴面板中删除矩形的描边,并调整矩形路径的大小,如图2-17所示。这个矩形将被用来制作茶壶中的茶水。

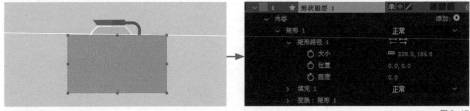

图2-17

选中"形状图层1"图层,执行【效果-扭曲-波形变形】命令,此时在项目面板的位置会出现效果控件面板,在该面板中调整波形高度,模拟水波纹,如图2-18所示。

选中"形状图层1"图层,按快捷键Ctrl+D,得到"形状图层2"图层。为"形状图层2"的"填充"设置一个较暗的黄色,并调整其波纹方向,如图2-19所示。

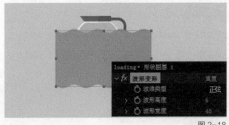

图2-18

图2-19

知识点：复制与重复

◆ 复制快捷键为 Ctrl+C，选中某个图层进行复制操作后，可将该图层粘贴到任意合成中。

◆ 重复快捷键为 Ctrl+D，选中某个图层进行重复操作后，该图层上方会出现相同的图层。

同时选中"形状图层 1"和"形状图层 2"图层，单击鼠标右键，在弹出的菜单中执行【预合成】命令，将两个形状图层合为"预合成 1"图层。

选中"蒙版"轮廓图层，将其拖曳到时间轴面板中的首层位置。在时间轴面板中，选中"预合成 1"图层，将其"轨道遮罩"设置为"Alpha 遮罩'蒙版'轮廓"，如图 2-20 所示。茶壶中的茶水制作完毕。

图 2-20

制作茶水逐渐充满茶壶的动画和不断变化的"Loading..."字符的动画

制作茶水逐渐充满茶壶的动画，只需要为茶水图层（"预合成 1"图层）添加"位置"关键帧动画：在第 0 帧时，将茶水设置在茶壶中较低的位置；在动画结束时，将茶水设置在茶壶中较高的位置。

下面为"Loading..."字符制作动画。选中"'L' 轮廓"图层，在第 0 帧时，打开"缩放"属性的码表；在第 7 帧时，将该图层放大；在第 15 帧时，将该图层复原。同时选中上述 3 个关键帧，按快捷键 Ctrl+C 复制关键帧。将时间指示器拖曳到第 1 秒 13 帧，按快捷键 Ctrl+V 粘贴关键帧。关键帧之间设置相同的时间间隔，再重复 3 次复制、粘贴操作，完成 5 组关键帧的制作，"L"字符的动画制作完毕。如图 2-21 所示。

下面为"Loading..."中的其他字母及符号添加与"L"字符相同的关键帧。单击"缩放"按钮，按快捷键 Ctrl+C 复制"L"字符动画中的关键帧，将时间指示器拖曳到第 0 帧，同时选中"'O' 轮廓""'A' 轮廓""'D' 轮廓""'I' 轮廓""'N' 轮廓""'G' 轮廓"及 3 个点所在的图层，按快捷键 Ctrl+V 粘贴关键帧，如图 2-22 所示。

图 2-21

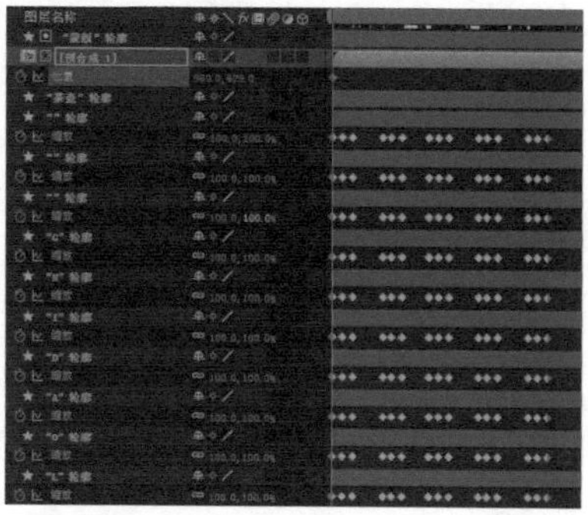

图 2-22

　　展开时间轴面板中的"入""出""持续时间""伸缩"栏，选中"'O'轮廓"图层，单击其入点对应的时间参数，输入"0:00:00:06"。

　　以6帧为间隔，设置其他字母图层的入点时间，如图2-23所示。设置完成后，动画制作完成。

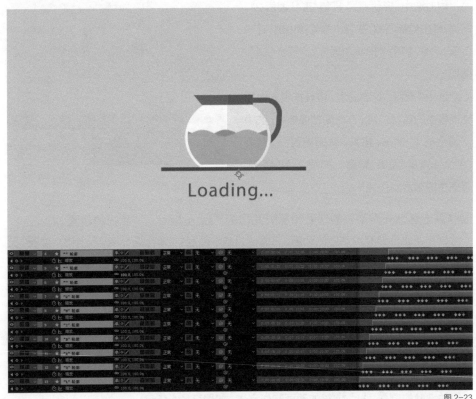

图 2-23

　　打开每日设计 App，输入并搜索"SP020402"观看本案例的详细教学视频。

训练营 2　制作简单的 MG 动画

使用提供的素材和本课学习的知识制作电脑滑落 MG 动画。

▌练习考查要点

◆导入 AI 文件的注意事项。

◆熟练制作关键帧动画。

◆掌握关键帧动画制作技巧。

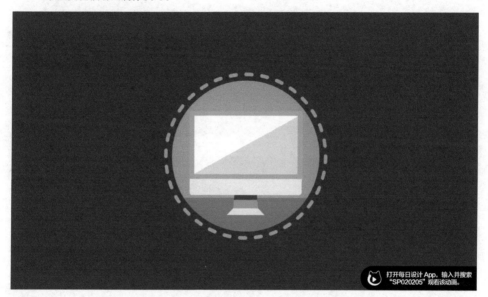

打开每日设计 App，输入并搜索"SP020205"观看该动画。

　　打开每日设计 App，进入本书页面，在"训练营"栏目可以找到本题。提交作业，即可获得专业的点评。

　　一起在练习中精进吧！

第 3 课

使用蒙版与遮罩
制作简单特效

每日设计

蒙版依附于图层，作为图层的属性存在，AE可以只保留蒙版内的内容或只保留蒙版外的内容。遮罩作为单独的图层存在，通常是上面的图层遮罩下面的图层，利用上面图层的形状改变下面图层的形状。

本课通过制作3个动画来帮助读者熟悉蒙版与遮罩，掌握它们的特性，以便利用它们完成更多的动画制作。

1. 快速掌握替换屏幕内容的技能

下面制作一个替换手机屏幕内容的动画。制作这个动画需要使用钢笔工具在现有的图像上绘制蒙版，将手机屏幕内容更换成倒计时的数字，同时将画面整体缩放，旁边的证书放大并浮出图像。

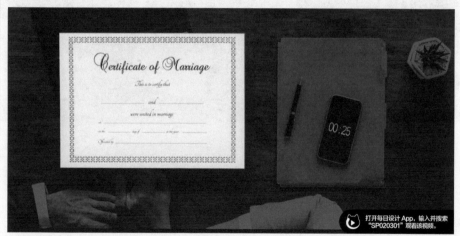

打开每日设计 App，输入并搜索"SP020301"观看该视频。

抠取手机屏幕，让手机进行倒计时

下面先来制作手机屏幕上的倒计时动画。

导入倒计时动画需要的素材文件 ——"蒙版素材 -00.jpg"和"倒计时 .mp4"，新建尺寸为 1920px×1080px 的合成，将"蒙版素材 -00.jpg"文件拖曳到合成中，如图 3-1 所示。

导入素材后，应该如何实现在手机屏幕中出现倒计时？

将倒计时的视频缩小放到手机屏幕上？容易穿帮。

通过蒙版可以解决这个问题。

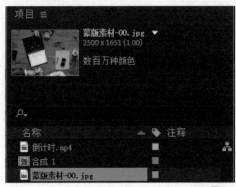

图 3-1

知识点：蒙版

◆ 蒙版（Mask）是一种路径，分为闭合路径蒙版和开放路径蒙版。使用闭合路径蒙版可以为图层创建透明区域；使用开放路径蒙版无法为图层创建透明区域，但可用作效果参数。

◆ 蒙版常用于修改图层属性，如图层透明度、形状等。每个图层可以包含多个蒙版。

使用钢笔工具在查看器面板中绘制蒙版，对手机屏幕进行抠取，如图 3-2 所示。

此时查看器面板中只剩下手机屏幕了，而这里需要的不是手机屏幕。在时间轴面板中单击"蒙版素材-00.jpg"图层前的下拉按钮，展开"蒙版"属性，勾选"反转"选项。此时，手机屏幕变为透明，其他部分显示出来，如图 3-3 所示。

图 3-2

图 3-3

知识点：绘制蒙版

◆ 在时间轴面板中选中要添加蒙版的图层，使用图形工具在查看器面板中绘制蒙版，或使用钢笔工具在查看器面板中绘制任意形状的蒙版。

◆ 按住 Shift 键，使用图形工具组中常见的几何形状（包括椭圆形、多边形和星形等）工具绘制蒙版，可以绘制等比例蒙版。

◆ 蒙版绘制完成后，选中蒙版，可以对蒙版进行复制、剪切等操作。也可以将蒙版从一个图层复制到其他图层，同时保留蒙版的位置和形状，这种方法对于使用钢笔工具绘制的贝塞尔曲线蒙版尤其常用。

打开每日设计 App，搜索"WZ020301"即可打开《钢笔工具使用方法》的文章。

将"倒计时 .mp4"文件拖曳到时间轴面板中,将其等比例缩小,放置于手机屏幕内,旋转到和手机屏幕一样的方向,如图 3-4 所示。此时图层关系为图像图层在上,倒计时视频图层在下。这相当于在手机屏幕处抠了一个洞,洞里显示出下面的倒计时视频。

图 3-4

下面为两个图层创建父子关系,让倒计时视频可以跟随图像变化发生变化。将"倒计时 .mp4"图层的父级关联器拖曳到"蒙版素材 -00.jpg"图层名称上,如图 3-5 所示。

图 3-5

知识点:图层的父子关系

◆如果要将某个图层的"变换"属性分配给其他图层,以同步对该图层所做的更改,可以使用父子关系。在形成父子关系后,如果父级图层的属性改变,子级图层的属性也有相同的改变。

◆一个图层只能具有一个父级图层,但一个图层可以是同一合成中任意数量图层的父级图层。

◆要为某个图层分配父级图层,可将其父级关联器拖曳到另一个图层名称上,或在其"父级和链接"下拉列表中选择父级图层。

◆在子级图层的"父级和链接"下拉列表中选择"无"选项,或按住 Ctrl 键单击子级图层的父级关联器可解除父子关系。

◆在父级图层上单击鼠标右键,在弹出的菜单中执行【选择子项】命令,可选中该图层与其所有子级图层。

为后面的动画制作做一些准备工作

选中"蒙版素材-00.jpg"图层,将图层调整到合适的大小及位置,使所有元素在画布内。按快捷键 Ctrl+D 重复该图层,给新图层重命名以作区分,删除新图层中的"蒙版 1",重新绘制蒙版,将证书抠出,如图3-6所示。抠出证书后,为这两个图层创建父子关系,使"蒙版素材-00.jpg"图层变化时,证书所在的"蒙版素材-00-复制.jpg"图层一起变化。

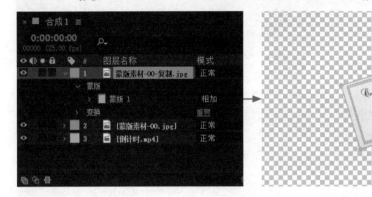

图 3-6

制作由远到近拉伸镜头的效果

镜头由远到近拉伸,画面中的物体会由小变大,因此可以通过制作"缩放"关键帧动画模拟镜头拉伸的效果。

手机屏幕中的倒计时是要展示的一个部分,我们不希望手机屏幕的部分移动太多。因此要使用锚点工具将该图层的锚点拖曳到手机屏幕的中心点位置,这样该图层将以手机屏幕中心点为中心缩放。

将时间指示器拖曳到第 0 帧,打开"缩放"属性的码表,将时间指示器拖曳到第 6 秒,将图层放大,如图 3-7所示。

图 3-7

制作证书脱离桌面浮起的效果

证书要脱离桌面，首先要有单独的证书，"蒙版素材 -00- 复制 .jpg"图层就是抠出的证书。现在的画面是俯瞰的视角，那么证书浮起以后会变大。

选中"蒙版素材 -00- 复制 .jpg"图层，为其设置"缩放"关键帧动画。为配合整体的动画效果，在第 0 帧和第 6 秒设置关键帧，在第 6 秒时证书放到最大，如图 3-8 所示。

图 3-8

下面接着做证书浮起的效果。为"蒙版素材 -00- 复制 .jpg"图层制作"位置"和"旋转"关键帧动画，使证书飘向画面中心并转正，如图 3-9 所示。这两个动画的制作与缩放动画类似。

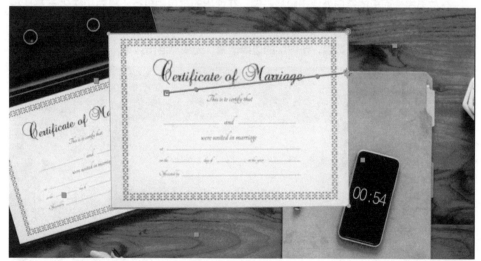

图 3-9

到这里，替换手机屏幕内容动画的制作基本完成，下面将画面细化，使画面看起来更精致、更有层次感。让图层渐渐变暗、渐渐变模糊，突出手机屏幕中的倒计时和浮起的证书。

选中"蒙版素材 -00.jpg"图层，单击鼠标右键，在弹出的菜单中执行【效果－颜色校正－曲线】命令，在效果控件面板中，通过"曲线"制作图层明暗变化的关键帧动画。

在第 0 帧时打开"曲线"属性的码表，在第 4 秒时调整"曲线"让图层整体变暗，如图 3-10 所示。

图 3-10

在效果控件面板的空白处单击鼠标右键，在弹出的菜单中执行【模糊和锐化 - 高斯模糊】命令，为图层添加高斯模糊效果。通过"模糊度"关键帧动画图层渐渐变模糊。注意要勾选"重复边缘像素"选项，使图层的边缘清晰，无模糊溢出效果，如图 3-11 所示。

图 3-11

下面为证书添加投影效果，让画面的层次感更强。选中"蒙版素材 -00- 复制 .jpg"图层，执行【效果－透视－投影】命令，调整相关参数为证书添加投影效果。

此时预览动画，可以看到证书是有变化的，那么证书的投影也应该随之变化，如图 3-12 所示。为投影的"距离"等属性添加关键帧动画，让投影随证书的变化而变化。

图 3-12

打开每日设计 App，输入并搜索"SP020302"观看本案例的详细教学视频。

2. 蒙版特性——制作探照灯动画

蒙版动画可以让观众只看到制作者想要展示的部分。在蒙版动画的制作过程中，巧妙运用图片的装饰效果可以有效提高动画的艺术性和专业性，可以瞬间吸引观众的注意力。

下面通过制作探照灯动画讲解如何制作蒙版动画，如何利用蒙版特性给蒙版制作关键帧动画，同时对蒙版路径的选择、移动等操作进行练习。

打开每日设计 App，输入并搜索"SP020303" 观看该视频。

制作探照灯

导入"蒙版动画素材 01.jpeg"素材，按快捷键 Ctrl+N 新建合成，调整相应参数，如图 3-13 所示。

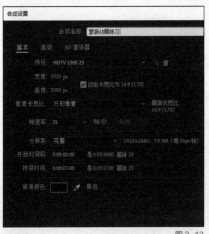

图 3-13

知识点：合成设置

◆ "像素长宽比"通常保持默认设置"方形像素"即可。

◆ "帧速率"通常设置为 25 帧 / 秒。

◆ "持续时间"用于设置合成时长。"0:00:00:00" 对应的时间单位分别为"小时：分钟：秒：帧"。在输入时长时，可将其简写，如"20帧"可输入"20"，"1分1秒20帧"可输入"1.1.20"，以此类推。

◆ 合成创建完毕后，选中合成，按快捷键 Ctrl+K 可打开"合成设置"对话框，对合成参数进行调整。

将素材拖曳到时间轴面板中，在查看器面板中调整素材的大小。拖曳素材的同时按住 Shift 键可以等比例缩放素材，如图 3-14 所示。

新建一个黑色的纯色图层，按 T 键打开"不透明度"属性，将"不透明度"调低，打造夜晚的效果，如图 3-15 所示。

图 3-14　　　　　　　　　　　　　　　　　　　　　　　　　　　　　　图 3-15

> **知识点：常用的快捷键**
>
> ◆位置：快捷键为 P。　　　　　　　　◆缩放：快捷键为 S。
>
> ◆旋转：快捷键为 R。　　　　　　　　◆不透明度：快捷键为 T。
>
> ◆显示所有关键帧：快捷键为 U。

使用椭圆工具，在查看器面板中按住快捷键 Ctrl+Shift 移动鼠标，以画布中心为圆点绘制圆形版，然后反转蒙版，并调整蒙版"羽化"值，让蒙版边缘产生虚化过渡的效果，如图 3-16 所示。现在圆形蒙版所在位置画面的亮度为素材原本的亮度，就像晚上探照灯照射的效果。

图 3-16

制作探照灯位置变化的动画

探照灯已经制作好了，下面制作蒙版路径关键帧动画让探照灯动起来。

打开"蒙版路径"属性的码表，使用选取工具在查看器面板中双击圆形蒙版边界上的一个节点，让圆形蒙版边界变成可调整状态，此时可以改变圆形蒙版的位置，将其拖曳到画布左上角位置，作为探照灯照射的第一个位置，如图 3-17 所示。

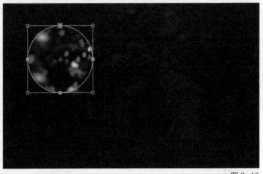

图 3-17

在第 1 秒时拖曳圆形蒙版，得到探照灯照射的第二个位置，以 1 秒为间隔，依次将圆形蒙版拖曳到不同位置，生成探照灯照射的位置，最终在第 6 秒时将圆形蒙版移动到画布中心点位置。按 Space 键预览制作的探照灯效果动画，如图 3-18 所示。

图 3-18

打开每日设计 App，输入并搜索"SP020304"观看本案例的详细教学视频。

3. 遮罩特性——制作文字转场动画

　　在实际操作中，人们经常会混淆蒙版和遮罩。二者在原理上是有区别的，但实现的效果基本相同。蒙版的英文是"mask"，遮罩的英文是"matta"，"TrkMat"是轨道遮罩。

　　下面将利用遮罩的特性制作镜头衔接的转场，使前后不同景别的镜头得到自然的过渡。这个动画前镜头为烟火视频，中间用文字动画作为过渡，然后转到后镜头新生视频，结合生动的素材，使两个镜头转场自然。

打开每日设计 App，输入并搜索
"SP020305" 观看该视频。

知识点：蒙版与遮罩的区别

◆蒙版依附于图层，与效果、变换一样，作为图层的属性存在，不是单独的图层。

◆蒙版是把蒙版外的内容去掉，保留蒙版内的内容（或者相反）。它是在 AE 中创建的自定义图形，可随意变形。

◆遮罩作为单独的图层存在，通常是上面的图层遮罩下面的图层。

◆遮罩是根据图层的颜色值，决定该图层相应像素的透明度，利用已有的图层进行转换，其本身无法改变图形样式。

新建文本图层并设置遮罩

　　导入"新生 .mp4"和"烟火 .mp4"视频素材文件，新建尺寸为 1920px×1080px 的合成。将项目面板中的"新生 .mp4"和"烟火 .mp4"拖曳到时间轴面板中。前后两个镜头已经有了，现在新建作为过渡的文本图层。

执行【图层－新建－文本】命令, 新建文本图层, 在查看器面板中输入的文字。这里输入英文"WELCOME TO THE WORLD", 并进行简单排版, 如图 3-19 所示。

调整图层顺序为文本图层、"新生 .mp4"图层和"烟火 .mp4"图

图 3-19

层, 并显示所有图层。将文字转换为通道, 显示"新生 .mp4"图层的内容, 这样烟火视频、文字、新生视频都出现在了画面中。选中"新生 .mp4"图层, 在该图层的"轨道遮罩"下拉列表中选择"Alpha 遮罩 WELCOME TO THE WORLD"选项, 效果如图 3-20 所示。

图 3-20

知识点：轨道遮罩

"轨道遮罩"位于时间轴面板"转换控制"中的"TrkMat"栏。若时间轴面板中无"TrkMat"栏, 检查时间轴面板左下角的"展开或折叠'转换控制'窗格"按钮 是否开启, 如图 3-21 所示。

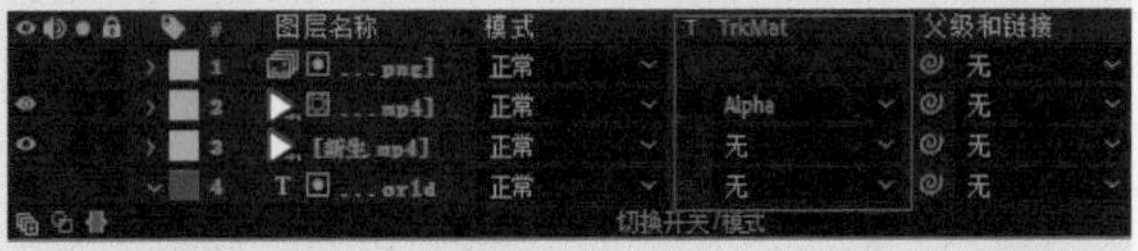

图 3-21

为文本图层添加效果，使英文出现得更加自然

此时英文出现效果较为生硬，下面为其添加一些效果，实现英文从气体的状态慢慢凝聚的效果。

在效果和预设面板中，展开"动画预设 -Text-Blurs"列表，选中"蒸发"预设，将其拖曳到文本图层，预览文字动画效果，如图 3-22 所示。可以看到，英文逐渐消失而不是汇聚。按 U 键展开关键帧，调整"蒸发"预设中的关键帧，得到想要的效果，如图 3-23 所示。

图 3-22

图 3-23

为了使英文看着更活泼一些，下面为英文添加抖动效果。在效果和预设面板中，展开"动画预设 -miscellaneous"列表，选中"连续跳跃"预设，将其拖曳到文本图层，如图 3-24 所示。预览动画，调整预设，使动画更自然。

图 3-24

043

制作后镜头出现的转场动画

导入提前准备好的"动画烟雾"图片序列素材文件。单击鼠标右键，执行【解释素材－主要】命令，将"假定此帧速率"设置为"25"，如图 3-25 所示。

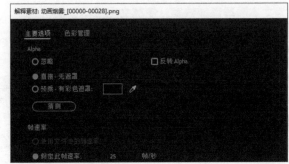

图 3-25

知识点：导入图片序列文件

◆选择要导入的图片序列文件，勾选"ImporterJPEG 序列"选项，可导入图片序列文件，如图 3-26 所示。

◆导入图片序列文件时需要注意，在文件导入前，应先完成文件的命名工作。

◆图片序列文件的命名应在中文名或英文名相同的前提下，保证名称后的数字是连续的。

◆如果出现命名有误或数字缺失，可勾选"强制按字母顺序排列"选项。

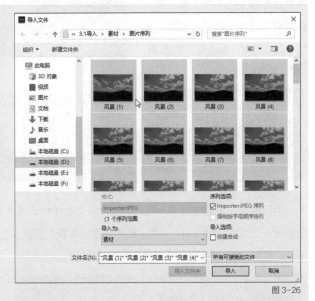

图 3-26

将导入的"动画烟雾.png"图层拖曳到时间轴面板的首层，并将"动画烟雾.png"图层的工作区拖曳到第6秒左右。复制"新生.mp4"图层，粘贴到"动画烟雾.png"图层下，重命名为"新生－复制"，并将其"轨道遮罩"设置为"Alpha遮罩动画烟雾"，效果如图3-27所示。

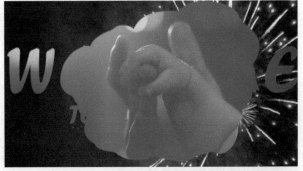

图 3-27

预览动画后发现，在"动画烟雾.png"图层工作区结束时，因为遮罩的关系，"新生"视频也随之结束。为解决上述问题，将时间指示器拖曳到"动画烟雾.png"图层工作区结束的位置，选中"新生－复制.mp4"图层，按快捷键 Ctrl+Shift+D 截断图层的工作区，将该图层工作区后一段的图层拖曳到"动画烟雾"图层下，并取消轨道遮罩，如图 3-28 所示。此时，预览动画，文字遮罩动画结束后是"新生"视频。

图 3-28

知识点：图层工作区

◆图层工作区指该图层持续的时长。

◆按 N 键可将合成中动画的结束时间设置在时间指示器所在的位置。

◆按快捷键 Ctrl+Shift+D 截断图层工作区，且后一段的图层工作区成为新的图层。

◆按 I 键设置图层工作区的入点，按] 键设置图层工作区的出点。

为英文添加细节动画。再次添加"蒸发"预设，使英文扩展时有蒸发的感觉，如图 3-29 所示。预览动画，适当调节各个关键帧位置。

图 3-29

文字遮罩动画中的英文是暖色调的，烟火背景也是暖色调的，两个画面色彩比较接近，所以英文不突出。改变"烟火.mp4"图层的颜色，使英文突出一些。执行【效果－颜色校正－色相/饱和度】命令，调整"主色相"值，改变烟火背景颜色，如图3-30所示。

到这里，本节的动画就制作完成了，效果如图3-31所示。

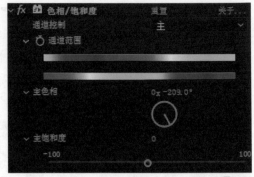

图3-30

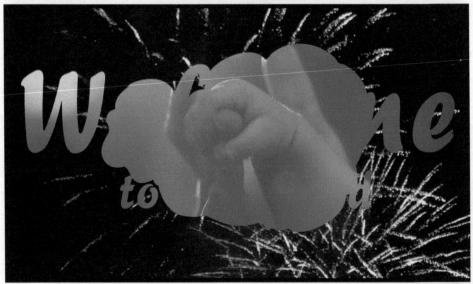

图3-31

 打开每日设计App，输入并搜索"SP020306"观看本案例的详细教学视频。

训练营 3 制作写毛笔字动画

利用本课学过的知识制作写毛笔字动画。

█ 练习考查要点

◆ 了解蒙版与遮罩的区别。

◆ 蒙版路径的绘制。

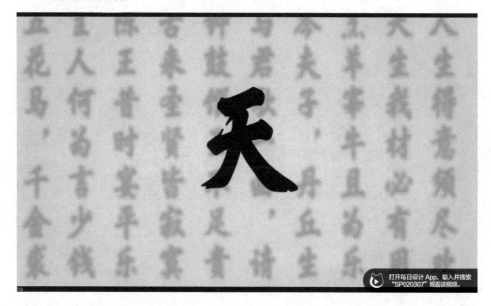

打开每日设计 App，输入并搜索
"SP020307" 观看该视频。

 打开每日设计 App，在本书页面的"训练营"栏目可以找到本题。提交作业，即可获得专业的点评。
一起在练习中精进吧！

第 **4** 课

创意没有天花板
——抠像与跟踪功能实操

 每日设计

抠像和跟踪是两个很重要的功能。抠像对视觉效果影响极大，随着视频的崛起，无论是电影、电视剧、综艺节目，还是网络视频，市场对抠像技术的需求越来越大，对质量的要求也越来越高。

跟踪在影视后期、片头制作中起到非常关键的作用，它可以将后期制作的元素完美地融入视频。使用AE中的跟踪器可以跟踪动态素材中的某个或多个指定的像素点，然后将跟踪的结果作为路径，对素材进行各种特效处理。

1. 在有运动物体的湖面上作诗

下面的案例是对现有视频素材进行包装合成的练习。利用 Roto 笔刷工具将前景物天鹅抠出，在天鹅和水面之间合成文字动画，使文字动画生动且自然地融入整个视频素材。

打开每日设计 App，输入并搜索
"SP020401"观看该视频。

抠出运动的天鹅

导入"抠像练习－笔刷抠像"视频素材，创建合成，将视频素材拖曳到时间轴面板中。在时间轴面板中双击"抠像练习－笔刷抠像"图层，查看器面板为图层面板，如图4-1所示。

图4-1

查看器面板的位置会根据不同的情况出现不同的面板，如打开合成文件后会出现合成面板，双击图层后会出现图层面板等。

将素材放大，在工具栏中选中 Roto 笔刷工具，按住鼠标左键框选素材中的天鹅，直至天鹅被全部框选，如图 4-2 所示。将时间指示器拖曳到第 2 秒，按 N 键，将"抠像练习－笔刷抠像"图层的工作区调整为 0~2 秒。

图4-2

知识点：Roto 笔刷工具

◆按住鼠标左键框选，系统会根据框选的区域自动运算出选区范围。

◆长按 Ctrl 键并按住鼠标左键在查看器面板中上下滑动，可以调节 Roto 笔刷大小。

◆长按 Alt 键并按住鼠标左键，在超出应选区域的部分滑动，可以减少选区。

按 Space 键预览动画，Roto 笔刷工具框选出来的区域会与天鹅运动进行动态匹配，但若出现细节部分匹配不完全，就需要逐帧修改框选的天鹅区域，直至每帧都可以完整框选出天鹅区域。

在效果控件面板中调整 Roto 笔刷羽化值，使抠出的天鹅边界更加柔和。

预览动画，每帧的天鹅都被很好地抠出后，单击右下角的"冻结"按钮，缓存、锁定并保存 Roto 笔刷的信息，如图 4-3 所示。将图层面板切换回合成面板，可以看到画面中只有一只天鹅，天鹅和水面已经完全脱离。

图 4-3

在湖面上作诗

在项目面板中，将"抠像练习－笔刷抠像"视频素材再次拖曳到时间轴面板的最下层，这样就有了水面，接下来制作水面上的文本。新建文本图层，输入唐诗《咏鹅》，并进行简单排版，将文本图层拖曳到时间轴面板中的两个图层之间，如图 4-4 所示。

图 4-4

单击文本图层后的"3D 图层"按钮，将文本图层转化为 3D 图层。合成中包含 3D 图层一般要新建摄像机，控制画面的透视关系。

图 4-5

这里创建一个"预设"为"50 毫米"的摄像机。打开文本的"旋转"属性，调整相关参数，使文字在 3D 空间中进行透视匹配，根据实际情况调整文本大小、位置等，如图 4-5 所示。

知识点：3D 图层

将图层转换为 3D 图层后，该图层仍是平面的，但获得了附加属性，包括"位置""锚点""缩放""方向""X 旋转""Y 旋转""Z 旋转""材质选项"。其中"材质选项"属性指定图层与光照和阴影交互的方式。

在文本图层的"模式"下拉列表中选择"叠加"选项，使文本和水面融合更加自然。使用"位置"关键帧动画为文本制作位移动画，使文本随着水流运动，如图 4-6 所示。

图 4-6

打开每日设计 App，输入并搜索"SP020402"观看本案例的详细教学视频。

2. 制作街头魔术——指尖上的火焰

想不想像魔法师一样手中挥舞着火焰？下面的案例就来教你怎么实现这种效果。这个案例制作的效果是指尖上燃烧着火焰，且火焰随着手指一起运动。相信做完这个案例后，你也可以像魔法师一样让火焰随心而动。

分析指尖的运动路径

本案例要制作火焰跟随指尖运动的效果，需要先分析指尖的运动路径，然后让火焰进行同样的运动。下面通过跟踪器分析指尖的运动路径。

导入"跟踪练习 01"视频素材，创建合成，打开跟踪面板。在主界面中若没有跟踪器面板，执行【窗口 – 跟踪器】命令即可打开跟踪器面板。

在查看器面板中查看并找到指尖显示清晰的时间点，然后将时间指示器拖曳到该时间点，单击跟踪器面板中的"跟踪运动"按钮，调整搜索区域和特性区域的范围及位置。在跟踪器面板中单击"向前分析"按钮 ◀，分析跟踪轨迹，如图 4-7 所示。

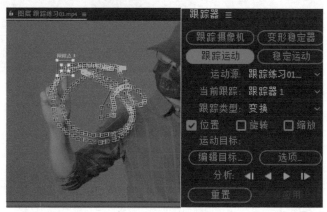

图 4-7

知识点：跟踪点

◆查看器面板中的跟踪点如图 4-8 所示。

◆ A 为搜索区域，即查找跟踪特性而要搜索的区域。

◆ B 为特性区域，即图层中要跟踪的元素，应是一个与众不同的可视元素，如颜色或明暗对比强烈的元素，最好是一个现实世界中存在的对象。

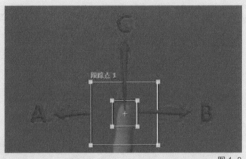

图 4-8

◆ C 为附加点，用于指定目标的附加位置，以便与跟踪图层中的运动特性同步。

单击"向后分析"按钮 ▶，分析时间指示器之前的跟踪轨迹。从打响指开始分析跟踪轨迹即可，将多余的轨迹删除。

选中"跟踪练习 01"图层，按 U 键显示该图层的所有关键帧信息，逐帧手动调整跟踪轨迹中偏移的位置，直至跟踪轨迹无偏移，如图 4-9 所示。

让火焰跟随指尖运动

创建一个空对象图层，将空对象与指尖运动路径相匹配。

单击跟踪器面板中的"编辑目标"按钮，设置"运动目标"为"空对象"，将运算出的路径信息分配给"空对象"。在跟踪器面板中单击"应用"按钮，设置"应用维度"为"X 和 Y"，效果如图 4-10 所示。

图 4-9

图 4-10

知识点：空对象图层

◆空对象图层是具有可见图层所有属性的不可见图层，在查看器面板中显示为具有图层手柄的矩形轮廓。空对象图层与可见图层一样可以进行调整、制作动画等操作，一个合成中可以包含任意数量的空对象图层。

◆在合成中经常需要对很多图层进行相同的操作，此时可将空对象图层作为这些图层的父级图层，把需要进行相同操作的图层链接到空对象图层。这样，只要调整空对象图层，即可实现多个图层的同步变换，从而提高制作动画的效率。

　　下面在指尖上添加火焰。导入"火 .mp4"视频素材。将"火 .mp4"图层拖曳到时间轴面板中，将其"模式"调整为"相加"，将火焰拖曳到与手指匹配的位置，并与"空 1"图层创建父子关系，如图 4-11 所示。这样火焰就可以跟着指尖运动了。

图 4-11

　　将火焰设置为打响指之后出现，通过缩放关键帧实现，在打响指时将"缩放"设置为"0"，打响指后将"缩放"设置为"100"，如图 4-12 所示。

图 4-12

为魔术表演找个场地

　　首先抠取人物。选中"跟踪练习 01.mp4"图层，执行【效果 –Keying–Keylight】命令，使用 Keylight 将人物抠出。

　　使用"Screen Colour"的吸管工具吸取需要抠除的绿色，使背景变为透明。切换至视图观察模式，将"View"设置为"Screen Matte"模式，进一步消除灰色噪点，同时保留更多边缘信息，如图 4-13 所示。

图4-13

> **知识点：Keylight 抠像**
>
> ◆ Keylight 在制作专业品质的抠像效果方面表现尤为出色。Keylight 易于使用，并且非常适合处理反射、半透明与头发区域，可以精确地控制残留在前景对象上的蓝幕或绿幕反光，并将它们替换成新合成背景的环境光。
>
> ◆用"Screen Colour"的吸管工具吸取需要抠除的颜色（即需要变为透明的颜色，如绿幕），系统将对画面进行识别，抠掉选中的颜色。
>
> ◆调整"Screen Pre-blur"（屏幕预模糊）的值，使图像的边缘更柔和，但该值不能调得太大，否则将会损失图像边缘的细节。
>
> ◆切换到"Screen Matte"（屏幕遮罩）选项，进一步调整抠像范围。调整 Alpha 通道的黑、白、灰 3 种颜色能使抠像达到满意的效果。黑色表示完全透明，白色表示完全不透明（画面中须保留的部分），灰色表示半透明。
>
> ◆调整"Clip Black"（剪辑黑色）和"Clip White"（剪辑白色）的值，可使素材中灰色的地方变为黑色或白色。

抠除绿幕后发现人物的颜色有偏差，执行【颜色校正－色阶】命令，为人物进行简单校色，如图4-14所示。

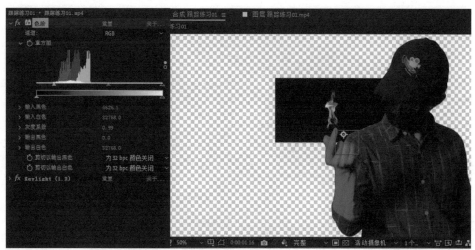

图 4-14

接着调整抠出的人物边缘，也就是调节 Alpha 通道边缘。将"View"设置为"Final Result"模式，将"Screen Matte"下的"Screen Shrink/Grow"设置为"-1.9"，如图 4-15 所示。

图 4-15

导入"背景 03.mp4"视频素材文件，将"背景 03.mp4"图层拖曳到时间轴面板中"跟踪练习 01"图层下面，如图 4-16 所示。

图 4-16

为画面调色，使场景更真实

现在背景的颜色很绚丽、丰富，有冷光源也有暖光源，而且此时是夜景，人物身上的很多细节应该被夜色遮盖。因此需要对人物进行调色，使人物和场景融合更加自然。选中"跟踪练习 01.mp4"图层，执行【效果 – 颜色校正 – 曲线】命令，在效果控件面板中调整"曲线"属性，如图 4-17 所示。

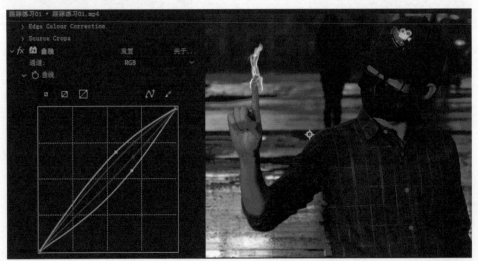

图 4-17

下面让背景模糊一些，更加突显人物。选中"背景 03.mp4"图层，执行【效果－模糊和锐化－高斯模糊】命令，调整"模糊度"的值，如图 4-18 所示。

图 4-18

制作画面突变效果，让魔术更炫

在人物打响指的一瞬间，人物出现在街头，指尖上有火焰。

选中"跟踪练习 01.mp4"图层，按快捷键 Ctrl+D 复制该图层。选中复制得到的图层，删除其"Keylight""色阶"和"曲线"属性。将时间指示器拖曳到打响指时，按快捷键 Ctrl+Shift+D，将该图层以当前的时间为分界点分开，删除后半部分的内容，如图 4-19 所示。这样打响指前人物是在绿幕前的。

图 4-19

选中"跟踪练习 01.mp4"图层，按快捷键 Ctrl+Shift+D，然后删除前半部分的内容。为"背景 03.mp4"图层执行相同操作。此时，以打响指为分界点，之前只有绿幕与人物，之后绿幕消失，变为人物在喧闹的街道上表演火焰魔术的场景。

预览动画，效果如图 4-20 所示。

图 4-20

 打开每日设计 App，输入并搜索"SP020404"观看本案例的详细教学视频。

3. 运动的屏幕内容也可以替换

　　前面讲解了替换图片中手机屏幕的内容，那视频中不固定的屏幕内容可以替换吗？
当然可以。

　　打开每日设计 App，输入并搜索
　　"SP020405"观看该视频。

分析屏幕运动路径，替换屏幕内容

　　下面使用"跟踪运动"中的"透视边角定位"，为视频素材中电脑屏幕的 4 个边角做
跟踪运动，并为其合成跟踪适当的素材效果。

> **知识点：跟踪的方式**
>
> 　　◆单点跟踪可以跟踪视频中一个明显的像素点。要确保此像素点从头到尾都在画面范围内，
> 且一直比较明显，变化不大。将此像素点作为跟踪点，记录位置数据。
>
> 　　◆两点跟踪可以跟踪视频中的两个参考样式，并使用两个跟踪点之间的关系记录位置、缩
> 放和旋转数据。
>
> 　　◆四点跟踪或边角定位跟踪可以跟踪视频中的 4 个参考样式记录位置、缩放和旋转数据。
> 被跟踪的素材在跟踪过程中会有透视变化。
>
> 　　◆多点跟踪可以在视频中跟踪多个参考样式。

　　导入"跟踪练习 02.mp4"和"新生 .mp4"视频素材，将"跟踪练习 02.mp4"视频
素材拖曳到"新建合成"按钮上创建合成。在跟踪器面板中单击"跟踪运动"按钮，并将"跟
踪类型"设置为"透视边角定位"，将 4 个跟踪点锁定在电脑屏幕的 4 个边角处，如图 4-21
所示。

图 4-21

单击跟踪器面板中的"向前分析"按钮 ▶，查看跟踪效果，确保无跳帧现象。

将"新生"视频素材拖曳到时间轴面板中，双击"跟踪练习 02.mp4"图层，在跟踪器面板中单击"编辑目标"按钮，将"运动目标"调整为"新生 .mp4"图层，如图 4-22所示。

图 4-22

完善动画细节

为"新生.mp4"图层添加高斯模糊效果，并执行【效果－杂色和颗粒－添加颗粒】命令，将"查看模式"设置为"最终输出"，使"新生.mp4"视频和"跟踪练习02.mp4"视频融合更加自然，如图4-23所示。

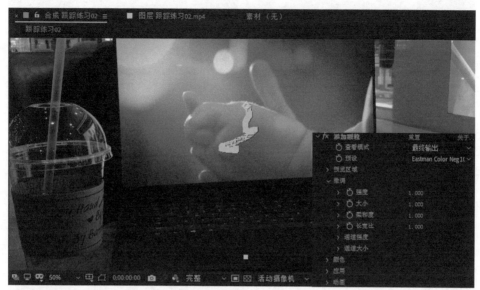

图 4-23

降低素材亮度。在空白处单击鼠标右键，在弹出的菜单中执行【颜色校正－曲线】命令，调整"曲线"属性，如图4-24所示。

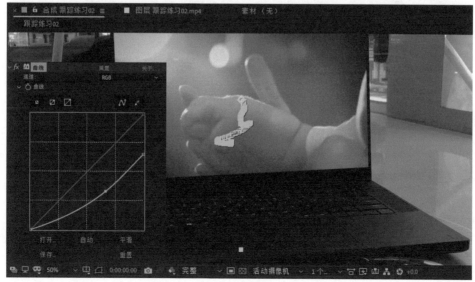

图 4-24

预览动画，效果如图 4-25 所示。

图 4-25

 　　打开每日设计 App，输入并搜索 "SP020406" 观看本案例的详细教学视频。

训练营 4　制作街头魔术动画

利用提供的素材制作一个魔术动画。

▌练习考查要点

◆ Keylight 抠像的方法。

◆ 单点跟踪的应用。

打开每日设计 App，输入并搜索
"SP020407" 观看该视频。

　　打开每日设计 App，在本书页面的 "训练营" 栏目可以找到本题。提交作业，即可获得专业的点评。

　　一起在练习中精进吧！

用好效果控件，
提升修片效率

 每日设计

在AE中，图层或合成的"变换"属性下有5个基本属性，但想要完成特效处理，只依靠5个基本属性是不够的。AE强大的效果控件可以解决这个问题，使用合适的效果控件能够很容易地制作出震撼人心的视觉特效。

本课将一起学习影视制作过程中较为常用的效果控件。

为图层或合成添加效果控件有以下 3 种方式

◆在效果和预设面板中找到某一个效果控件，将其拖曳到时间轴面板中的图层或合成上，如图 5-1 所示。

◆选中图层或合成，单击鼠标右键，在弹出的菜单中执行【效果】中的某一个效果命令，如图 5-2 所示。

◆选中图层或合成，在效果控件面板中单击鼠标右键，在弹出的菜单中执行某一个效果命令，如图 5-3 所示。

图 5-1　　　　　　　　　　　　　　　　　　　　图 5-2　　　　　　　　图 5-3

快速添加上次使用的效果控件有以下 3 种方式

◆按快捷键 Ctrl+Alt+Shift+E。

◆单击鼠标右键，在弹出的菜单中执行【效果】命令，在【效果】子菜单中选择上次使用的效果控件。

◆在效果控件面板中单击鼠标右键，在弹出的菜单中选择上次使用的效果控件。

为图层或合成移除效果控件有以下 4 种方式

◆在效果控件面板中选中效果控件，按 Delete 键移除选中的效果控件。

◆单击鼠标右键，在弹出的菜单中执行【效果全部移除】命令，移除选中图层或合成的所有效果控件。

◆在效果控件面板中单击鼠标右键，在弹出的菜单中执行【全部移除】命令移除选中图层或合成的所有效果控件。

◆按快捷键 Ctrl+Shift+E 移除选中图层或合成的所有效果控件。

1. 使用发光将 Logo 制成闪烁的霓虹灯

本课的目的是帮助读者掌握效果控件的使用方法，提升修片的效率，因此部分案例是在已有项目的基础上添加效果。下面的案例就是在已有的"发光 Logo（初始）"项目基础上，添加发光效果，将 Logo 制作成闪烁的霓虹灯。

在项目面板的"设计文件 – 效果合成"合成中，"01Logo"图层是项目的基本图层，它只有一个 Logo 的 PNG 文件；"02Logo_ 相框轮廓"图层是从组成 Logo 图形中提取的不同形式的线框轮廓；"03Logo_ 出现动画"图层是 Logo 不同部分闪烁出现的动画；"04Logo_ 出现合成"图层中逐帧设置了 Logo 的不透明度，制作出了明暗闪烁的逐帧动画；"05Logo_ 背景光"图层用不同的模糊效果对背景进行了处理；"06 霓虹灯效果"图层用来为动画添加霓虹灯发光效果；"07 霓虹灯合成"、"08 地面纹理"和"09 地面纹理合成"图层为地面添加纹理、阴影等效果。

在项目面板的输出合成中，输出渲染是对整个场景进行调整，营造氛围。

打开每日设计 App，输入并搜索
"SP020501"观看该视频。

模拟霓虹灯发光效果

在项目面板中，展开"设计文件－效果合成"合成，双击"06 霓虹灯效果"合成，本案例将主要在此合成中进行，如图 5-4 所示。

图 5-4

在时间轴面板中选中"04Logo_ 出现合成 3"图层，执行【效果－模糊和锐化－快速方框模糊】命令，将"模糊半径"设置为"1"，将"迭代"设置为"1"；执行【效果－风格化－发光】命令，为其添加发光效果，将"发光半径"设置为"1"，模拟霓虹灯发光的效果，如图 5-5 所示。

图 5-5

知识点：效果控件面板

◆效果控件面板默认出现在项目面板的位置。

◆为图层添加效果后，系统自动打开效果控件面板。

◆按 F3 键可快速打开效果控件面板。

在时间轴面板中选中"05Logo_ 背景光"图层，为其执行【风格化－发光】命令，将"发光半径"设置为"160"，使整个 Logo 变得模糊，其发光效果模拟了霓虹灯发光的效果，但可以发现 Logo 发光的强度还不够。按快捷键 Ctrl+D 重复发光效果，使发光效果更加明显，如图 5-6 所示。

图 5-6

制作霓虹灯亮起产生的光晕

在时间轴面板中选中"04Logo_ 出现合成 4"图层，通过该图层调整发光的效果，模拟霓虹灯发光时产生的光晕。执行【效果 – 模糊和锐化 – 定向模糊】命令，将"模糊长度"设置为"170"；执行【效果 – 模糊和锐化 – 快速方框模糊】命令，将"模糊半径"设置为"60"，将"迭代"设置为"1"，将"模糊方向"设置为"水平"，如图 5-7 所示。

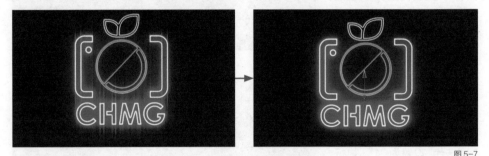

图 5-7

在时间轴面板中选中"04Logo_ 出现合成 2"图层，执行【效果 – 模糊和锐化 – 快速方框模糊】命令，将"模糊半径"设置为"20"，将"迭代"设置为"1"，使 Logo 边缘的亮度产生过渡的效果，发光的层次更明显，如图 5-8 所示。

图 5-8

制作不同方向的灯光，丰富发光的效果

在时间轴面板中选中"04Logo_ 出现合成 1"图层，执行【效果 – 风格化 – 发光】命令，将"发光半径"设置为"180"，将"发光强度"设置为"3"，将"发光维度"设置为"垂直"。重复发光效果，将"发光半径"设置为"20"，将"发光强度"设置为"0.1"，使发光的效果更加丰富，如图 5-9 所示。

图 5-9

执行【效果－模糊和锐化－快速方框模糊】命令，将"模糊半径"设置为"30"，将"迭代"设置为"1"，使原来均匀的发光效果变得不均匀，发光效果更加自然，如图 5-10 所示。

图 5-10

关闭"06 霓虹灯效果"合成，在项目面板中展开"设计文件－效果合成"列表，双击"07 霓虹灯合成"合成。在时间轴面板中选中"06 霓虹灯效果 1"图层，执行【效果－风格化－发光】命令，将"发光阈值"设置为"25"，将"发光半径"设置为"150"，将"发光强度"设置为"0.1"，让 Logo 整体的发光效果更明显，如图 5-11 所示。

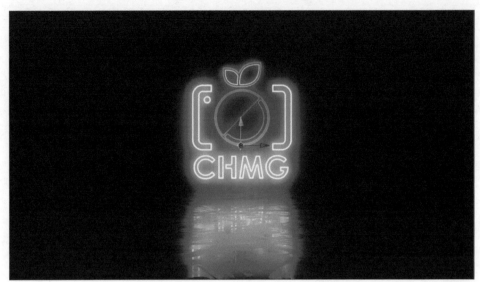

图 5-11

知识点：发光效果

◆"发光阈值"的百分比越低，图像产生发光效果的区域越大；"发光阈值"的百分比越高，图像产生发光效果的区域越小。

◆将"发光半径"的值设置得小，可以使图形产生边缘锐化的效果；将"发光半径"的值设置得大，可以使图形产生漫射光的效果。

◆发光效果可以找到图像中较亮的部分，使该部分的像素及其周围的像素变亮，以模拟发光产生的光晕，也可以模拟照片曝光过度的效果。制作片头中的 Logo 时经常使用发光效果模拟人造光源的效果，如灯泡、白炽灯管、霓虹灯等。

打开每日设计 App，输入并搜索"SP020502"观看本案例的详细教学视频。

2. 使用锐化让照片中的宠物更加立体

锐化主要运用在需要展示素材主体的细节部分，虚化的背景和虚化的前景物是不需要锐化效果的，所以在使用锐化时，要保留需要锐化的部分，排除不需要锐化的部分。下面通过锐化让画面中的主体（狗的脸部轮廓、胡须、毛发等）变得更清晰，看起来更立体。

明确主体轮廓

　　打开"锐化（初始）.aep"项目，在时间轴面板中，复制"锐化素材 .jpg"图层，得到另一个图层备用。

　　观察画面，可以看到素材中的主体物狗是清晰的，背景是模糊的。如果直接为素材添加锐化效果，当主体的细节较好时，模糊的背景可能会出现噪点。因此，想要主体更加清晰，而背景也不会出现噪点，就需要明确主体的轮廓，只为主体添加锐化效果。图 5-12 左图所示为直接为素材添加锐化的效果，右图所示为加工后添加锐化的效果。

图 5-12

　　选中"锐化素材 .jpg"图层，执行【效果 - 颜色校正 - 色调】命令。此时，查看器面板中的图片显示为黑白色调，如图 5-13 所示。

图 5-13

执行【效果－风格化－查找边缘】命令，可以有效地排除无关的景物，保留狗的面部轮廓，如图 5-14 所示。

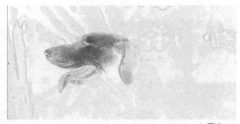

图 5-14

排除无关信息并完善边缘细节

下面通过"色阶"排除狗面部周边的无效信息。执行【效果－颜色校正－色阶】命令，在"色阶"直方图中拖曳黑色滑块、白色滑块和灰色滑块，直至狗面部周边的无效信息基本被排除，从而得到需要添加锐化效果的有效信息，如图 5-15 所示。

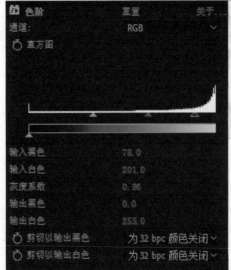

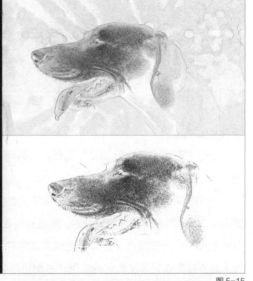

图 5-15

若调整后狗面部的轮廓过于锐利，可为图层添加一些模糊效果完善边缘的细节。执行【效果－模糊和锐化－高斯模糊】命令，通过高斯模糊效果中的"模糊度"属性进行调整，如图 5-16 所示。

图 5-16

添加调整图层，调整画面效果

在时间轴面板的空白处单击鼠标右键，在弹出的菜单中执行【新建－调整图层】命令，新建调整图层。将调整图层拖曳到两个素材图层之间，在该图层的"轨道遮罩"下拉列表中选择"亮度反转遮罩'【锐化素材.jpg】'"选项，将前面调整好的黑白画面作为 Alpha 通道进行调整，如图 5-17 所示。

图 5-17

选中调整图层，执行【效果－模糊和锐化－锐化】命令，将"锐化量"设置为"50"，观察效果。此时狗的面部轮廓、鼻头、嘴部、毛发等的清晰度得到了有效的提高，但噪点明显增多，对比过于强烈，像素之间的分离过于明显和突出，如图 5-18 所示。

图 5-18

知识点：锐化

◆锐化用于增加图像细节的对比度，加大像素边缘的反差，提高画面清晰度，对于分辨率比较低的素材有一定的补偿作用。需要注意的是，锐化是对像素对比度的增加，并没有改变图像、影像的分辨率。

◆"锐化量"的默认值为"0"，上限值为"4000"，没有负值。随着"锐化量"值的增大，画面中噪点会增多。

◆需要注意，对于动态视频，"锐化量"的值会影响整个视频的动态效果，因此设置后要预览视频，保证该值适合整个视频。

继续调整"锐化量"的值，减少噪点。最终效果如图 5-19 所示，可以看到需要锐化的部分（狗的面部轮廓、鼻头、嘴部、毛发等）得到了明显的锐化，而不需要锐化的部分（周围的树）没有被锐化。

图 5-19

打开每日设计 App，输入并搜索"SP020504"观看本案例的详细教学
视频。

3. 视线模糊与清晰交替的场景这样实现

在影片中经常会看
到，人物慢慢睁开眼时或
从昏迷中苏醒后，眼前的
景象时而清晰时而模糊。
这种效果使用 AE 中的高
斯模糊即可实现。本节案
例讲解如何使用高斯模糊
制作早上起床睁眼，视线
由模糊到清晰、由清晰转
为模糊，重复循环转场的
动画。

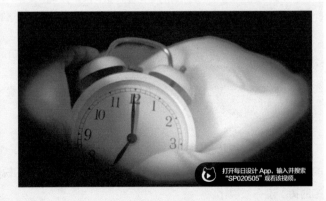

打开每日设计 App，输入并搜索
"SP020505"观看该视频。

打开"睁开眼睛"项目，先新建一个调整图层，并将其拖曳到"黑色 纯色 1"图层下，如图 5-20 所示。下面将高斯模糊效果应用在调整图层上，这样该图层下面的4 幅图片都会受到影响。

图 5-20

知识点：调整图层

　◆调整图层的效果应用于合成中调整图层之下的所有图层。因此，与将相同的效果分别应用于各个图层相比，将效果应用于调整图层可以提高工作效率。

知识点：高斯模糊

　◆高斯模糊是一种高级模糊特效，可以对图像进行模糊和柔化，去除素材上的局部杂色，产生细腻的图像模糊效果。图层的品质设置不会影响高斯模糊效果。

　◆给素材添加高斯模糊效果后，选择"重复边缘像素"选项，则素材周围边缘不应用高斯模糊效果，如果不选择"重复边缘像素"选项，则图片边缘也是模糊的。

　◆配合图像、影像素材使用时，高斯模糊可以模拟近景和中景变焦的效果，在处理素材前需要先选出高斯模糊的应用范围，排除无关景物再进行操作。

选中调整图层，执行【效果－模糊和锐化－高斯模糊】命令，勾选"重复边缘像素"选项，通过设置"模糊度"属性的关键帧动画，制作视线由模糊到清晰、由清晰转为模糊，重复循环转场的动画，如图 5-21所示。

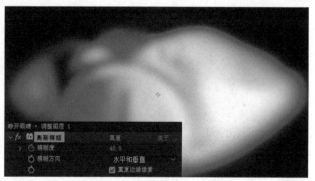

图 5-21

选中"黑色 纯色 1"图层，按 U 键，显示该图层的关键帧。以该图层的关键帧作为参考，设置调整图层的关键帧。

在第 0 帧时画面是闭眼状态，在此时打开"模糊度"属性的码表，设置"模糊度"的值，这里设置为"40"，作为该动画中最模糊的程度。在第 0~14 帧眼睛缓缓睁开，第 14 帧~1秒 18 帧眼睛是睁开的状态。在这段时间，随着眼睛睁开，视线慢慢清晰，到第 23 帧时完全清晰，将"模糊度"设置为"0"，视线马上变得有些模糊，但又很快清晰，如图 5-22所示。

读者可以想象自己刚睡醒时视线的变化。使用同样的方法，制作剩余的动画，效果如图 5-23 所示。

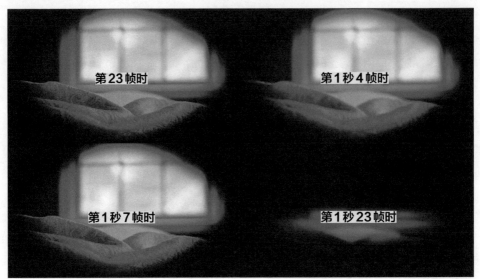

第23帧时　　　　　　　第1秒4帧时

第1秒7帧时　　　　　　第1秒23帧时

图5-22

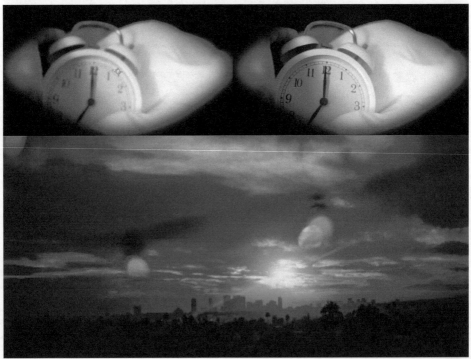

图5-23

　　　　打开每日设计 App，输入并搜索"SP020506"观看本案例的详细教学视频。

4. 使用 CC Lens 制作转场动画

下面使用 CC Lens 制作风景收进眼睛的动画，将其作为风景图片和眼睛图片之间的转场动画。风景图片和眼睛图片位于两个不同图层，在准备过程中为两个图层添加缩放等效果，并创建父子关系，两幅图片会同步变化。

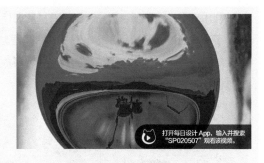

打开每日设计 App，输入并搜索"SP020507"观看该视频。

打开"转场（初始）"项目，选中"c-01"图层，执行【效果－扭曲－CC Lens】命令，按 U 键打开"关键帧"属性。将时间指示器拖曳到第 0 帧，打开"Size"属性的码表添加关键帧，并将"Size"设置为"500"。

知识点：CC Lens

图 5-24

◆ CC Lens 位于【效果控件－扭曲】中，其选项如图 5-24 所示，是 AE 中的一个透镜效果控件，可以实现鱼眼镜头的效果。

◆ "Center"选项表示中心，用于设置画面变形的中心点位置。

◆ "Size"选项表示尺寸，用于设置透镜的尺寸，改变画面变形的大小。

◆ "Convergence"选项表示曲率，用于设置画面变形的弯曲程度。其值为负数时，画面向外扩张；其值为正数时，画面向内收缩。

播放动画，在第 3 秒时开始出现不透明度的变化，这时将风景图缩小到瞳孔大小。将时间指示器拖曳到第 3 秒，将"Size"设置为"5"，将"Center"设置为"2805，1960"，效果如图 5-25 所示。设置"Center"是为了将缩小后的风景图放在瞳孔的位置。

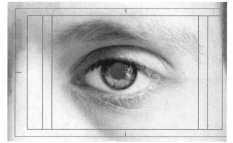

图 5-25

渲染导出后查看制作的转场动画。最开始，风景图片向内收缩，一直收缩到瞳孔的大小，最后消失在人的眼睛中。

打开每日设计 App，输入并搜索"SP020508"观看本案例的详细教学视频。

5.只用一张图片就能制作水滴下落动画

利用 AE 中的功能，只用一张图片就能制作水滴下落的动画。

下面将通过一张图片制作水滴下落的动画。运用 CC Lens 制作水滴，并将其与关键帧动画结合，制作出水滴下落的效果；将其放到背景图片上，配合其他效果，使水滴下落的效果更加真实。

用图片制作水滴

打开"水滴（初始）"项目，新建一个合成，命名为"水滴"，将"持续时间"设置为"6秒"。将"水滴背景"图片拖入时间轴面板，如图 5-26 所示。下面把这张图片制作成水滴。

将图片适当缩小，执行【效果 - 扭曲 -CC Lens】命令，并调整相关参数，如图 5-27所示。

图 5-26

"Size"为"126"
"Convergence"为"100"
"Center"为"625，670"

图 5-27

提示 ⚡

　　"Center"的值可适当改变，确保图中不出现黑洞即可。

　　这里设置"Center"的另一原因是为接下来制作中心点动画做准备。

制作水滴下落动画

　　水滴由上至下滴落，其中心点应该有从上到下的变化，这样水滴纹理才会更加丰富，水滴才会更加真实。在第 0 帧和最后的时间点处为"Center"属性设置关键帧，单击 ⊞ 按钮向下拖曳水滴中心点，注意不要出现黑洞，效果如图 5-28 所示。

图 5-28

　　单纯的中心点动画太过单调，水滴在下落的过程中其形状不是一成不变的，难免会发生变化。下面为水滴制作变换的动画。选中水滴，执行【效果 - 扭曲 - 变换】命令，通过为"倾斜"和"倾斜轴"属性添加关键帧，模拟水滴在下落过程中发生的形变，如图 5-29 所示。

第 0 帧时
"倾斜"为"7"

第 2 秒时
"倾斜"为"12"；"倾斜轴"为"+55"

图 5-29

　　关闭"水滴"合成，将"水滴"合成拖入"水滴下落"合成的时间轴面板中"水滴背景 .jpg"图层上方，然后制作水滴滴落到画面之外的动画。为"水滴"图层设置"位置"关键帧动画。第 0 帧时，水滴与背景中的水滴接近，最后一帧时，水滴在画面外，如图 5-30 所示。

图 5-30

为水滴添加细节

　　真实的水滴会反射光线，拥有光泽和耀斑。下面先为制作的水滴添加光泽。选中"水滴"图层，执行【效果 - 风格化 - 发光】命令，将"发光阈值"设置为"50"，将"发光半径"设置为"24"，将"发光强度"设置为"0.5"，效果如图 5-31 所示。

"发光阈值"为"50"
"发光半径"为"24"
"发光强度"为"0.5"

图 5-31

　　预览动画，发现水滴出现黑边，这是因为水滴中黑色部分较多。可通过设置"发光颜色"、"发光操作"和"颜色循环"解决这个问题。设置"发光颜色"为"A 和 B 颜色"，设置"发光操作"为"柔光"，设置"颜色循环"为"锯齿 B＞A"，效果如图 5-32 所示。吸取图片中的颜色作为"颜色 A"和"颜色 B"的颜色，这样颜色更加自然。

　　接下来为制作的水滴添加耀斑。新建一个调整图层，选中该图层，执行【效果－生成－CC Light Rays】命令，调整相关参数。设置"Center"为"790,450"，设置"Intensity"为"18"，设置"Radius"为"90"，设置"Warp Softness"为"0"，取消勾选"Color From Source"选项，效果如图 5-33 所示。现在制作的水滴与"水滴背景"图层中的水滴更加相似了。

"发光颜色"为"A 和 B 颜色"
"发光操作"为"柔光"
"颜色循环"为"锯齿 B>A"

图 5-32

"Center"为"790, 450"
"Intensity"为"18"
"Radius"为"90"
"Warp Softness"为"0"
取消勾选"Color From Source"选项

图 5-33

最后为耀斑添加动画，使其随水滴移动。可在动画开始和结束时为"CC Light Rays"的"Center"属性添加关键帧制作该动画。渲染输出动画，观看水滴下落动画，效果如图5-34 所示。

图 5-34

　　　　打开每日设计 App，输入并搜索"SP020510"观看本案例的详细教学视频。

6. 使用投影让平铺的小纸片拥有三维效果

　　下面制作一个使用小纸片搭建的场景，且具有简单的动画效果。场景中地面、猴子、柳树枝、长颈鹿、大树、彩虹、白云和太阳等依次以不同的方式出现在背景上。此时的动画不够生动，比较无趣。

　　下面使用投影来模拟光线照射的效果，先为场景中的各个物体添加投影，拉开各个物体的层次，打造空间感，再对项目进行简单调色、添加暗角效果，使光线的照射更加明显，让动画更有趣。

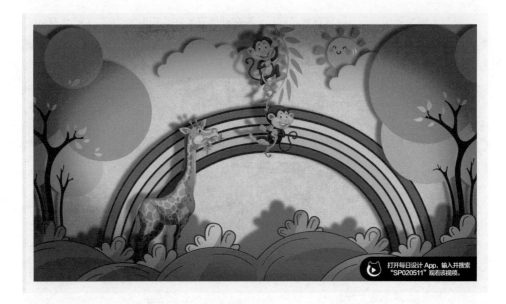

打开每日设计 App，输入并搜索
"SP020511" 观看该视频。

为物体添加投影，增强画面的空间感和层次感

打开"纸质场景阴影（初始）"项目，将时间指示器拖曳到第 5 秒左右，此时所有物体都出现在查看器面板中，方便查看效果。

选中"地面"图层，执行【效果 – 透视 – 投影】命令，将"方向"设置为"290"，将"距离"设置为"100"，将"柔和"设置为"30"，效果如图 5-35 所示。

图 5-35 模拟了光线从右下方照射的效果，调整"距离"的值是为了打造空间感，不同层次物体的"距离"也不同。

图 5-35

选中"投影"效果，按快捷键 Ctrl+C 复制，并将其粘贴给"猴子"图层，将"距离"设置为"70"。改变"距离"的值，让"猴子"图层距离背景更近，可以拉开物体的层次。同理，为其他图层添加投影，效果如图 5-36 所示。

图 5-36

调整颜色并添加暗角，让光线的照射更明显

　　添加调整图层，调整颜色并添加暗角。新建一个调整图层，在工具栏中展开图形工具，双击椭圆工具，系统将创建与调整图层匹配的椭圆形作为其蒙版。将椭圆形调整为不规则图形，如图 5-37 所示。

图 5-37

　　选中调整图层，执行【效果－颜色校正－亮度和对比度】命令，将"亮度"设置为"－150"。在时间轴面板中勾选调整图层下"蒙版 1"后的"反转"选项，添加暗角，如图 5-38 所示。

图 5-38

　　按 F 键打开"蒙版 1"的"蒙版羽化"属性，将"蒙版羽化"设置为"200"，使暗角边缘过渡更加自然，效果如图 5-39 所示。

图 5-39

　　打开每日设计 App，输入并搜索"SP020512"观看本案例的详细教学视频。

训练营 5　效果控件练习

　　本课讲解了多种效果控件，这里对两种常用的效果进行练习。利用提供的素材完成以下练习。

　　1. 利用锐化效果让视频中的小麦边缘看起来更加锐利。

　　2. 利用高斯模糊效果模拟远景和中景的变焦练习。

　　打开每日设计 App，在本书页面的"训练营"栏目可以找到本题。提交作业，即可获得专业的点评。

　　一起在练习中精进吧！

模拟真实场景——
3D 图层与摄像机

每日设计

在影片制作中经常会将3D图层与实拍镜头合成，创建符合实拍镜头的透视和阴影关系。利用摄像机图层可以制造出镜头各元素之间的空间感，模拟真实的镜头深度和摄像机行为，增强镜头的真实感。

本课将通过几个案例介绍3D图层与摄像机的相关知识。

将图层转换为 3D 图层的方法

在时间轴面板中单击某一图层后的"3D 图层"按钮 ⬡，如图 6-1 所示。

选中该图层后，单击鼠标右键，在弹出的菜单中执行【3D 图层】命令。

将 3D 图层转换回普通图层的方法与上述方法相同。

图 6-1

显示或隐藏 3D 轴和图层控件

通常情况下，图层控件是隐藏的。执行【视图 – 显示图层控件】命令，可显示 3D 轴、摄像机和"光照线框"按钮、图层手柄及目标点。

3D 轴由不同颜色标志的箭头组成，x 轴为红色、y 轴为绿色、z 轴为蓝色，如图 6-2 所示。单击查看器面板底部的"选择网格和参考线选项"按钮 ▦，在弹出的下拉列表中选择"3D 参考轴"选项，在查看器面板的左下角会显示整个图层的 x 轴、y 轴和 z 轴的方向。

图 6-2

移动 3D 图层的方法

方法一：选中 3D 图层，按 P 键打开该图层的"位置"属性，修改"位置"的值。

方法二：选中 3D 图层，使用选取工具，在查看器面板中向 x 轴、y 轴或 z 轴方向拖曳；按住 Shift 键的同时，向 x 轴、y 轴或 z 轴方向拖曳，可更快速地移动 3D 图层。

旋转或定位 3D 图层

选中 3D 图层，按 R 键打开该图层的"方向"和"旋转"属性，更改图层的"方向"或"旋转"的值，图层会依据锚点旋转。

"方向"值指定目标角度。使用"方向"属性制作动画通常能更好地实现自然平滑的运动效果，图层将尽可能地直接旋转到指定角度。

"旋转"值指定角度路线。使用"旋转"属性可为动画提供更精确的控制，图层会根据各个属性的值，沿着各个轴旋转。

调整"旋转"属性，3D 图层可旋转
多圈。在图 6-3 中的标记位置进行设置，
如将"X 轴旋转"设置为"2"，3D 图
层将沿 x 轴旋转两圈。

图 6-3

> **提示** ⚡
>
> 同时调整"方向"和"旋转"的值，3D 图层的旋转角度是两个值的和。例如，将 3D 图层
> 的"方向"设置为"90°，0°，0°"，"X 轴旋转"设置为"-90°"，图层最终没有变化。

1. 使用 3D 图层创建符合真实场景的透视和阴影关系

3D 图层能让图层获得与"深度（z）"相关的属性，以及"材质选项"属性，但
图层仍是平面图层。普通图层不能与灯光图层和摄像机图层交互，只有将图层转化为
3D 图层才能与摄像机产生透视关系的变化，并与灯光图层产生阴影和光照的交互。

在影片制作中经常会将 3D 图层与实拍镜头进行合成，利用摄像机和灯光图层，创
建符合实拍镜头的透视和阴影关系。本节的案例就使用上述方法，利用一张照片，制作
景物的阴影随着一天中时间的变化而产生变化的动画。

先抠取照片中的人物和栈桥，做好准备工作

打开"3D 图层与实景合成（初始）.aep"项目，利用钢笔工具，将人物与栈桥抠出，
并将其保存为单独的图层（项目中也提供了已经抠出的人物与栈桥图层）。将项目面板中

的"人物"图层拖到时间轴面板中"摄像机 1"图层的下方，单击"3D 图层"按钮，将其转换为 3D 图层，如图 6-4 所示。

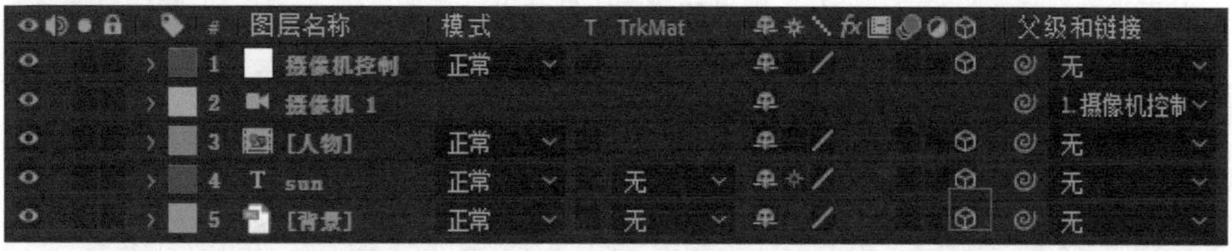

👁 🔊 ● 🔒	🏷	#	图层名称	模式		T	TrkMat	🎯 ✦ ＼ fx 🖪 ⍟ 🖸 🔲	父级和链接	
👁	>	1	▢ 摄像机控制	正常				🎯　　╱　　　🖸	无	∨
👁	>	2	🎥 摄像机 1					🎯	◎ 1.摄像机控制	∨
👁	>	3	🖾 [人物]	正常				🎯　　╱　　　🔲	无	∨
👁	>	4	T sun	正常		无		🎯 ✦ ╱	无	∨
👁	>	5	🖾 [背景]	正常		无		🎯　　╱　　　🔲	无	∨

图 6-4

适当将"人物"图层放大，使其完全覆盖"背景"图层中的人像；然后调整其位置，使其与背景中的人像对齐。同理，将"栈桥"图层拖到"sun"图层的下方并转换为 3D 图层，并适当放大，且与"背景"图层中的栈桥对齐。

调整"位置"属性的 x 轴值，使栈桥与人物居中对齐；调整 z 轴值拉开人物与栈桥的距离；调整 y 轴值使人物、栈桥与"背景"图层对齐。

选中"sun"图层，按 P 键打开"位置"属性，调整该图层所有"位置"关键帧的 x 轴值，使文字与栈桥居中对齐，如图 6-5 所示。

在时间轴面板中选中不同图层，在查看器面板的左侧视图中查看它们的位置，它们在空间上存在一定的距离。

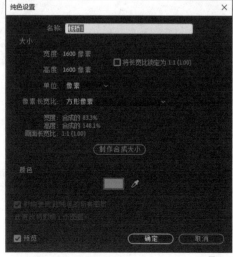

图 6-5

创建承接阴影的图层

在阳光的作用下，文字和人物在栈桥上会产生阴影，而"栈桥"图层虽然是 3D 图层，但是它在空间上仍然是一个纵向的平面图层，所以需要创建承接阴影的图层。创建纯色图层作为承接阴影的图层，将其名称改为"栈桥 1"，如图 6-6 所示。

提示 ⚡

将图层转换为 3D 图层后，图层在空间上为一个纵向的平面，无法在平面上接受阴影，不能产生真实的透视关系。所以需要创建一个纯色图层，模拟栈桥在空间上形成的平面，用来承接阴影。

图 6-6

将"栈桥1"图层也转换为3D图层，按R键打开"方向"属性，将"方向"设置为"270，0，0"。在查看器面板的左侧视图中，可以看到它旋转成了一个平面，如图6-7所示。

取消"栈桥1"图层"缩放"属性的约束比例并进行调整，使"栈桥1"图层贯穿"人物"图层和"sun"图层，参考值为"35，242，100"。按P键打开"位置"属性，调整y轴位置，使"栈桥1"图层与"sun"图层相接，如图6-8所示。

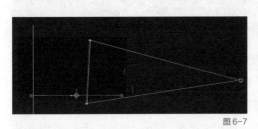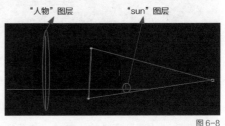

"人物"图层　　　　　　"sun"图层

图6-7　　　　　　　　　　　　　　　　　图6-8

展开"栈桥1"图层的"材质选项"属性，将"投影"设置为"关"，将"接受阴影"设置为"仅"，将"接受灯光"设置为"关"，如图6-9所示。此时"栈桥1"图层将接受人物和文字产生的阴影，而其本身不会产生阴影，且不会显示本身的颜色。

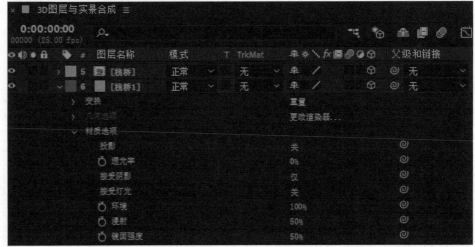

图6-9

添加灯光创建阴影关系

在时间轴面板的空白处单击鼠标右键，在弹出的菜单中执行【新建－灯光】命令，在弹出的"灯光设置"对话框中将"灯光类型"设置为"点"（"名称"默认为"点光1"），将"衰减"设置为"无"，勾选"投影"选项。此时，场景中的灯光创建完毕，画面中会产生阴影，效果如图6-10所示。

通过"材质选项"属性的设置，为"人物"图层、"栈桥"图层和"sun"图层设置接受阴影的不同关系。将"人物"图层的"投影"设置为"开"，"接受阴影"设置为"仅"，"接受灯光"设置为"关"；将"栈桥"图层的"投影"设置为"关"，"接受阴影"设置为"关"，"接受灯光"设置为"关"，效果如图 6-11 所示。

图 6-10   图 6-11

在查看器面板中可以看到桥上并没有人物的阴影，原因是"点光 1"在"人物"图层的前面。需要调整灯光的位置，然后对"灯光选项"进行设置，让人物和文字产生更加真实的阴影，如图 6-12 所示。

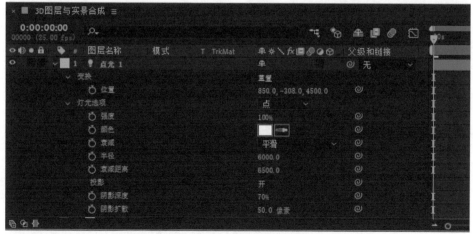

图 6-12

在查看器面板中观察物体与其阴影的关系，可能出现物体与其阴影之间有间隙的情况。调整"栈桥 1"图层的 y 轴位置，使人物的阴影和人物之间的间隙消失。改变"sun"图层的 y 轴位置，可消除文字与其阴影之间的重叠，效果如图 6-13 所示。

图6-13

提示 ⚡

　　在查看器面板的左侧视图中使"sun"图层与"栈桥1"图层相接即可。注意，要改变"sun"图层"位置"属性所有关键帧的位置。

制作阴影变化的动画

　　设置灯光动画。在第0秒时，选中"点光1"图层，按P键打开"位置"属性，打开"位置"属性的码表；在第6秒时，将"位置"的x轴坐标设置为"4500"，播放动画，某一时间的效果如图6-14所示。

图6-14

在查看器面板中可以看到投影出现在栈桥外。选中"栈桥"图层，按快捷键 Ctrl+D 复制并粘贴图层，并将下层的"栈桥"图层重命名为"栈桥 2"。选中"栈桥 1"图层，将其"轨道遮罩"调整为"Alpha 遮罩'栈桥 2'"，这样栈桥外的阴影就消失了，效果如图 6-15 所示。

在查看器面板中可以看到，人物与自己的影子之间有不真实的间隙。在时间轴面板中为"栈桥 2"图层与"栈桥"图层创建父子关系，使"栈桥 2"图层随"栈桥"图层移动，调整"栈桥"图层位置，效果如图 6-16 所示。

图 6-15

图 6-16

渲染导出动画，效果如图 6-17 所示。

图 6-17

　打开每日设计 App，输入并搜索"SP020602"观看本案例的详细教学视频。

2. 使用摄像机焦距打造裸眼 3D 视觉效果

使用摄像机图层可以从不同角度和距离查看 3D 图层，通过修改 AE 中的摄像机设置并为摄像机图层制作动画来配置摄像机，可以模拟现实中的摄像机行为，如景深模糊、平移、移动镜头等，增强镜头的真实感。

在影片制作中，经常会运用摄像机图层模拟真实摄像机拍摄的镜头，如浅焦或深焦镜头。下面利用摄像机焦距，模拟比较真实的裸眼 3D 视觉效果。

打开每日设计 App，输入并搜索
"SP020603" 观看该视频。

替换电脑屏幕内容，为后面的制作做准备

打开"裸眼 3D（初始）.aep"项目，新建一个合成，命名为"裸眼 3D"。将"电脑背景.jpg"图片拖入时间轴面板中，并调整其大小，在画布中看到图片中完整的电脑即可。效果如图 6-18 所示。

图 6-18

为图片中的电脑屏幕做遮罩，为后面在屏幕上显示其他内容做准备。使用钢笔工具定位屏幕的 4 个角，形成一个闭合的矩形蒙版，按 M 键打开蒙版属性，反转蒙版，效果如图 6-19 所示。

图 6-19

将"雨林 .jpg"图片拖入时间轴面板中"电脑背景"图层的下方，并将"电脑背景"图层和"雨林 .jpg"图层转换为 3D 图层。此时图片中电脑屏幕上显示的是雨林的图片。放大画面，查看细节，若图片中电脑屏幕边缘露出部分图片，可选中"电脑背景"图层，对蒙版进行调整。调整"雨林 .jpg"图层的大小及位置，使其在视觉上合适。效果如图 6-20 所示。

图 6-20

创建摄像机，调整图层间距离

创建摄像机，在弹出的"摄像机设置"对话框中，将"预设"设置为"28 毫米"。可以看到，现在查看器面板中是用摄像机视角观看的。

知识点：创建摄像机

要创建摄像机，有以下 4 种常用方法。

◆执行【图层 - 新建 - 摄像机】命令。

◆在时间轴面板的空白处单击鼠标右键，在弹出的菜单中执行【新建 - 摄像机】命令。

◆在查看器面板的空白处单击鼠标右键，在弹出的菜单中执行【新建 - 摄像机】命令。

◆按快捷键 Ctrl+Alt+Shift+C。

知识点：摄像机设置 1

在时间轴面板中双击摄像机图层，或选中摄像机图层，执行【图层 - 摄像机设置】命令，可打开"摄像机设置"对话框，在其中可以更改摄像机设置，如图 6-21 所示。

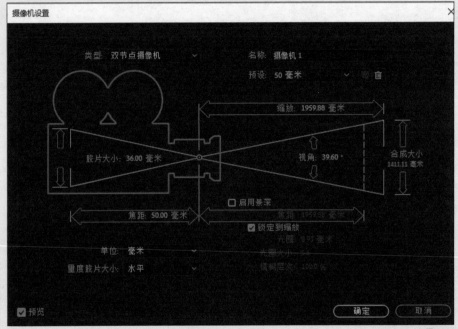

图 6-21

◆"类型"中包括"单节点摄像机"和"双节点摄像机"选项。"单节点摄像机"围绕自身定位、旋转；"双节点摄像机"具有目标点，围绕目标点定位、旋转。

◆"预设"用于设置摄像机的焦距。根据预设的焦距，模拟具有特定焦距镜头的摄像机。"预设"默认值为"50 毫米"，是标准的人像镜头焦距；"80 毫米"也是常用的人像镜头焦距；焦距在"35 毫米"以下的镜头都属于广角镜头，值越小，广角越大。

◆"视角"指在图像中捕获场景的宽度。视角由"焦距""胶片大小"和"缩放"值确定。改变它们的预设值可以得到较广的视角，模拟广角镜头的效果。

◆"启用景深"被勾选后，可自定义"焦距""光圈""光圈大小"和"模糊层次"的值，通过调整这些值，可以控制景深，实现更真实的摄像机聚焦效果。景深是摄像机聚焦的距离范围，位于距离范围之外的图像会变得模糊。

通过拖曳使"电脑背景"图层和"雨林 .jpg"图层在 z 轴方向上产生距离。在查看器面板下方，将视图设置为"2 个视图 – 水平"。选中"电脑背景"图层和"雨林 .jpg"图层，按 P 键，分别将它们的 z 轴位置设置为"–400"和"–15"，效果如图 6-22 所示。

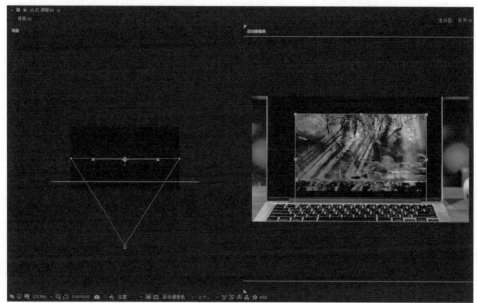

图 6-22

调整"电脑背景"图层的大小，使整个电脑最大化地出现在画布中；调整"雨林 .jpg"图层在屏幕中的位置，效果如图 6-23 所示。

图 6-23

099

放入动画的主角——蜥蜴

将"蜥蜴 .png"图片拖入时间轴面板中，放在"电脑背景"图层和"雨林 .jpg"图层之间，调整到合适大小，效果如图 6-24 所示。

图 6-24

将"蜥蜴 .png"图层转换为 3D 图层，在查看器面板的活动摄像机视图中的蜥蜴消失了，如图 6-25 所示。

图 6-25

在查看器面板的左侧可以看到"蜥蜴 .png"图层在最下面，被"雨林 .jpg"图层挡住了，效果如图 6-26 所示。调整 z 轴位置，使画面中出现蜥蜴，且蜥蜴在电脑屏幕内。

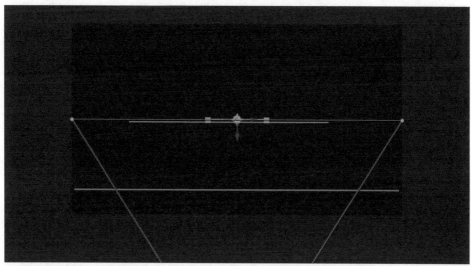

图 6-26

要实现蜥蜴探出电脑屏幕的效果，需要对"蜥蜴 .png"图层进行旋转。按 R 键，将"方向"中的 x 轴坐标设置为"28"，使蜥蜴产生向前倾斜的效果，如图 6-27 所示。在查看器面板中可以看到，蜥蜴旋转后位置发生了变化，调整蜥蜴的位置，使其和所在的树枝在电脑屏幕的底部，避免造成蜥蜴悬空的效果。

图 6-27

制作裸眼 3D 动画

新建一个空对象图层，命名为"摄像机控制"。为"摄像机"图层和"摄像机控制"图层创建父子关系，将"摄像机"图层绑定到"摄像机控制"图层上，如图 6-28 所示。

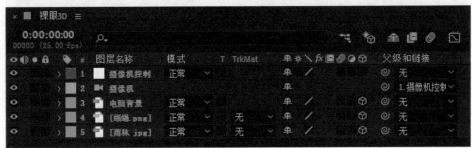

图 6-28

将"摄像机控制"图层转换为 3D 图层，选中"摄像机控制"图层，按 R 键，打开"方向"属性的码表添加关键帧，将时间指示器拖到最后，在时间轴面板中将"方向"设置为"0，21，0"，效果如图 6-29 所示。

图 6-29

在查看器面板的活动摄像机视图中，可以看到雨林图片不能填满电脑屏幕。在时间轴面板中选中"雨林 .jpg"图层，对其大小和位置进行适当调整，使动画在播放过程中，雨林可以填满电脑屏幕，如图 6-30 所示。

图6-30

　　下面制作蜥蜴从电脑屏幕中探出的动画。选中"蜥蜴 .png"图层，按 P 键，打开"位置"属性的码表，将时间指示器拖曳到最后，改变 z 轴坐标值，找到一个合适的位置，让蜥蜴探出电脑屏幕，且"蜥蜴 .png"图层不能超出"电脑背景"图层，如图 6-31 所示。

图6-31

调整动画细节

裸眼3D动画已经制作完成，现在为画面添加暗角。在查看器面板中切换到"1个视图"，新建一个调整图层，在工具栏中双击椭圆工具，为调整图层新建一个蒙版，如图6-32所示。

图6-32

选中蒙版，执行【颜色校正－亮度/对比度】命令，将"亮度"设置为"-55"，给画面增加暗角效果。选中调整图层，按F键，调整"蒙版羽化"的值，使画面明暗过渡更加自然，效果如图6-33所示。

图6-33

下面制作景深效果。双击"摄像机"图层，打开"摄像机设置"对话框，勾选"启用景深"选项，取消勾选"锁定到缩放"选项，将"光圈大小"设置为"1.4"，如图6-34所示。

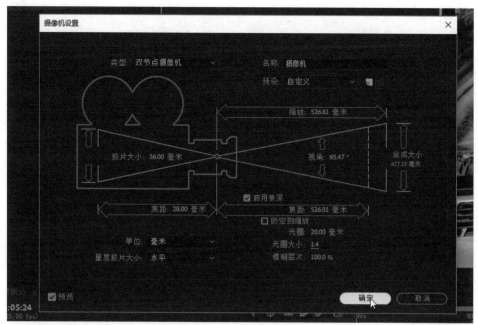

图 6-34

知识点：摄像机设置 2

◆ "焦距"（启用景深的情况下）是指从摄像机到平面完全聚焦的距离，一般不进行调整，使用默认值即可。

◆ "锁定到缩放"被勾选后，"焦距"值（在"启用景深"下方）与"缩放"值匹配。

◆ "光圈"指镜头孔径的大小。光圈设置会影响景深，增大光圈会增加景深和画面的模糊程度。

◆ "光圈大小"表示焦距与光圈的比例，与摄影、摄像器材的光圈大小类似。

◆ "模糊层次"指图像中景深模糊的程度，其值为 100% 时，模拟自然模糊，减小其值可降低模糊程度。

◆ "单位"一般使用"毫米"。

◆ "量度胶片大小"用于描述胶片的尺寸，一般使用"水平"。

在查看器面板的下方，选择"2 个视图 - 水平"选项，可查看左侧视图并调整焦距。在时间轴面板中，展开"摄像机"图层的"摄像机选项"属性，调整"焦距"到蜥蜴的头部位置，参考值为"1038"，这样可以达到背景虚化的效果。在查看器面板中可以看到画面的模糊层次不够明显，因此在时间轴面板中将"摄像机"图层的"模糊层次"设置为"260"，效果如图 6-35 所示。

图 6-35

在查看器面板的下方将视图设置为"1 个视图",按 Space 键预览动画,确认无误后,渲染导出动画,如图 6-36 所示。

图 6-36

打开每日设计 App,输入并搜索"SP020604"观看本案例的详细教学视频。

3. 制作符合真实空间环境的草原狩猎动画

　　在影片制作中，具有前景、中景和背景的三维空间经常会运用 3D 图层布置，利用不同位置的 3D 图层，模拟真实的空间环境，创造出非凡的视觉体验，这类动画被称为 3D 图层动画。

　　下面将利用 3D 图层动画制作草原狩猎动画。

打开每日设计 App，输入并搜索 "SP020605" 观看该视频。

　　使用 AE 中的摄像机，将前景（人物）、中景（树、猎狗、斑马等）和远景（草原背景）在 z 轴方向上拉开距离，模拟真实摄像机镜头的拍摄效果。

　　这种制作方式在影片制作过程中经常使用，尤其是在一些特效合成类的电影中。例如，人物的镜头在摄影棚中拍摄，影片中的场景和动物则通过软件制作，然后利用 AE 将人物、动物和场景等进行合成。

　　本案例中均是对三维图片进行合成模拟，后期可以将三维图片替换为实拍的三维镜头和场景。运用图片模拟场景，可以使软件运算得快一些。

知识点：3D 图层动画

　◆ 3D 图层动画的原理是为时间轴面板中的 3D 图层按照前景、中景和背景的层次关系，拉开各图层的 z 轴位置，制造出镜头各元素之间的空间感，使合成的镜头模拟出真实的镜头深度。

　◆在影片制作中，特别是特效电影中，经常会运用 3D 图层的不同层次合成镜头。例如，整个镜头中人物是在摄影棚内拍摄的，其他的场景都是三维制作的，即利用 3D 图层位置的不同，模拟真实的空间感和镜头深度。

创建摄像机，搭建基础场景

打开"草原狩猎动画（初始）.aep"项目，在时间轴面板的"3D 场景"合成中只有"地面"图层和"地面变形"图层。将项目面板的"场景元素"文件夹中的"猎人"拖到时间轴面板中的"地面变形"图层上方。将"猎人"图层转换为 3D 图层，并适当调整其大小，如图 6-37 所示。

图 6-37

展开"猎人"图层的"变换"属性，将"锚点"调整到该图层底部中心的位置"500，1000"，调整"位置"的 y 轴坐标，使其与"地面"图层的 y 轴坐标一致，如图 6-38 所示。"地面"图层的 y 轴坐标为"578"，猎人半蹲在地面上，两者的 y 轴坐标应相同。

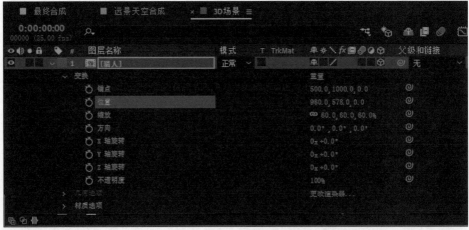

图 6-38

提示 ⚡

这里提供的素材都是经过处理的，主体在各自的画布中横向居中，底部紧贴画布下边缘。

场景元素尺寸基本都设置为 1000px × 1000px，这样方便将锚点调整到相应位置。较大的元素、需要占据整个画面的元素尺寸设置为 1920px × 1080px。

图层是以锚点在画布中的位置定位的。锚点坐标指的就是锚点在画布中的位置。尺寸为 1000px × 1000px 的场景元素，默认的锚点坐标为画布中心 "500，500"。

在本案例中，大部分场景元素均在地面上，紧贴地面，所以应将尺寸为 1000px × 1000px 场景元素的 "锚点" 设置为图片底部中心 "500，1000"，方便在画布中定位；同理，将尺寸为 1920px × 1080px 场景元素的 "锚点" 设置为 "500，1080"。

为方便观察整个场景与地面的关系，将视图设置为 "2 个视图 - 水平"，将查看器面板的左侧调整为 "左侧" 视图，右侧调整为 "活动摄像机" 视图。

在时间轴面板中选中 "地面" 图层，按 P 键查看 "地面" 图层的 y 轴坐标（左侧视图中上下的位置），为 "578"，所以紧贴地面的场景元素 y 轴坐标均应为 "578"，这样场景元素的位置会更加精确。

创建摄像机以更好地观察三维场景，参数设置如图 6-39 所示。

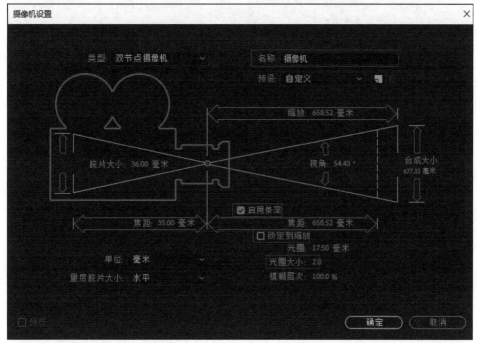

图6-39

因为本案例的动画需要非常大的场景，所以摄像机要离得远一些。调整摄像机的位置，要保证能看到地面的效果，可通过调整 y 轴的坐标抬高摄像机（x、y、z 轴参考坐标为"1150，196，−3555"，z 轴坐标为"−3555"，是比较远的位置），如图 6-40 所示。

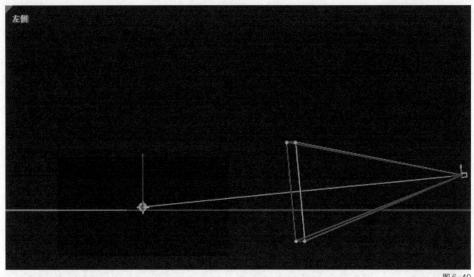

图 6-40

调整猎人的位置（x、y、z 轴参考坐标为"960,578，−2209"），以及摄像机目标点的位置（x、y、z 轴参考坐标为"1363,340,0"），使"猎人"图层位于画面左侧三分之一的位置，且使地面占满下方的画面，如图 6-41 所示。

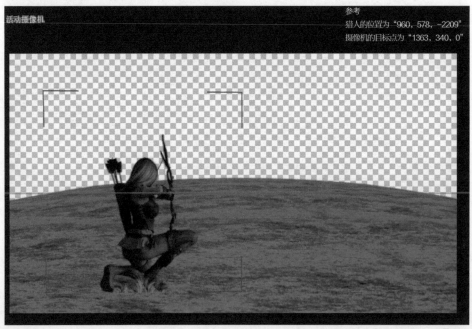

图 6-41

　　将"狮子"图层拖曳到时间轴面板中"猎人"图层的上方，并将其转换为 3D 图层，调整其"变换"属性，如图 6-42 所示。

图 6-42

　　到这里，基础的场景已经搭建好了，有草地、猎人，还有狮子。下面我们制作猎人向狮子射箭的动画，然后添加细节，完善整个草原的场景。

制作射箭动画

　　将"箭"图层拖曳到时间轴面板中的"猎人"图层和"狮子"图层之间，并将其转换为 3D 图层。

　　观察画面可知，箭需要呈一定的角度才能射中狮子，要按照猎人射箭的方向适当对其进行旋转。为方便观察箭的角度，将左侧视图调整为顶部视图，旋转箭的方向使其指向狮子，调整箭的位置，形成箭刚刚离弦的效果，如图 6-43 所示。

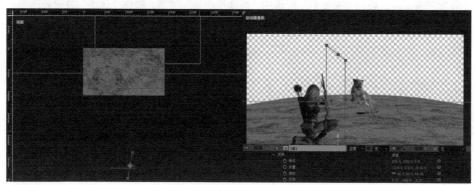

图 6-43

为摄像机与箭制作"位置"关键帧动画,实现镜头向前推进,箭由猎人射向狮子的效果。改变"位置"关键帧的 z 轴坐标,可实现镜头推进的效果。分别为摄像机和箭制作"位置"关键帧动画,在第 0 帧打开码表,可以在第 10 秒左右调整位置。要注意箭向前运动与摄像机推进有一定的区别,因为箭毕竟是一幅图片,不是真正的三维物体,所以箭的角度不能和摄像机的角度完全一致,需要有一点偏移,以免效果看起来不够真实,如图 6-44 所示。

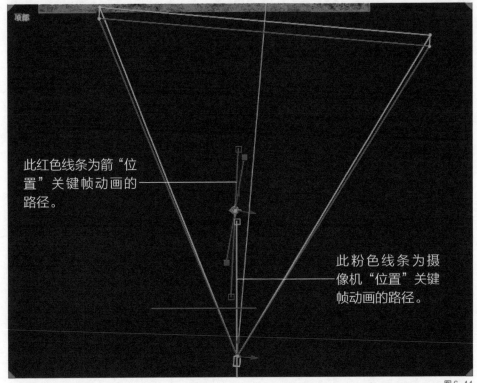

图 6-44

对于狩猎的视频,观众关注的是谁射的箭,有没有射中猎物。这里利用摄像机景深,制作物体清晰度随时间变化而变化的效果。在最开始时猎人最清晰,接着是箭最清晰,最后是狮子最清晰。展开"摄像机"图层的"摄像机选项"列表,制作"焦距"关键帧动画,如图 6-45 所示。

图 6-45

填充元素，丰富场景

通过前两部分的操作，已经制作好了主要的动画。在这部分我们把其他动物、植物放置到场景中，让场景更加丰富、真实。

首先放置其他动物。将"猎狗""鹰""犀牛""斑马"依次拖曳到"摄像机"图层下，将它们都转换为 3D 图层，将锚点设置为"500，1000，0"，将图层标签的颜色改为紫红色，并调整到合适的位置和大小，如图 6-46 所示。

图 6-46

知识点：标签

◆单击"标签"按钮 🏷 可以为合成和图层标记不同的颜色标签。通过图层的标签颜色，可以更直观、形象地对图层进行分组。

◆单击图层序号前的颜色方块可以更改图层标签的颜色。

◆如果在时间轴面板中同时选中几个图层，单击任何已选中图层序号前的颜色方块，可更改所有已选中图层的标签颜色。

◆执行【编辑 — 首选项 — 标签】命令，在弹出的对话框中可更改颜色标签的设置，如图 6-47 所示。

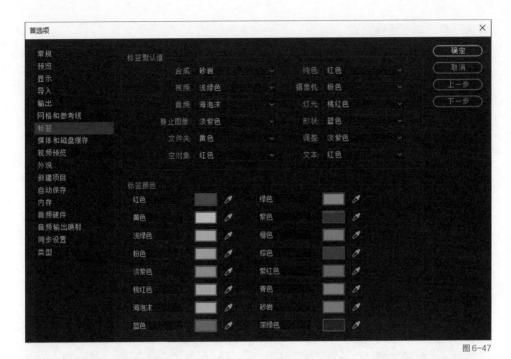

图 6-47

现在动物已经都放置在场景中了，接下来将植物放入场景中。以"前景草"图层为例，将其放置在"摄像机"图层下，并转换为 3D 图层，将图层标签的颜色改为橙色，调整其"锚点""位置""缩放"属性，并复制一个该图层放置到合适位置，如图 6-48 所示。

图 6-48

将场景中的其他植物也放置到合适的位置，可参考图 6-49，具体操作见本案例的视频。

注意猎人旁边的几棵草在 z 轴坐标上的位置关系。

最大的前景树 01（图层标签为深绿色）是猎人的遮蔽物。

6 棵"树 01"中 3 棵的位置呈三角形分布，另外 3 棵呈阶梯形排列，它们的"缩放"属性及 x 轴的镜像关系存在不同，因此产生了丰富的变化。

"树 02"（图层标签为浅绿色）在狮子的后边，使狮子轮廓更加明显。

两棵树"03"（图层标签为桃红色）在狮子与箭之间，产生景深关系。

3 棵"树 04"（图层标签为浅紫色）作为整个场景的中景、远景，对画面进行点缀。

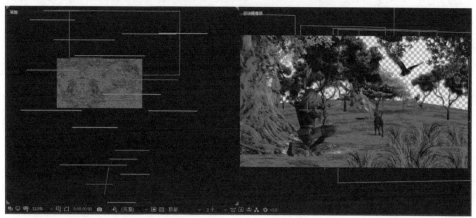

图 6-49

提示⚡

使用同一个场景元素，经过缩放、旋转，并调整其位置，可以得到一个比较丰富的场景。如本案例中，6 棵"树 01"的"缩放""位置"的值不同，呈现出较丰富的画面。单独显示这 6 棵树，可以看到它们的树冠不在同一水平线上，具有一定的错落感，如图 6-50 所示。

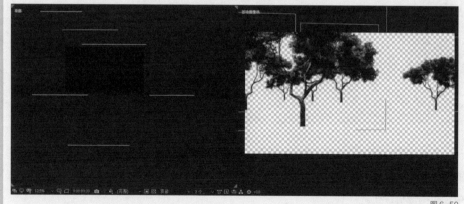

图 6-50

同理，将"灰尘"图层也放置到合适的位置，参考图 6-51。

箭与狮子的中间有一层灰尘，狮子腾起的位置有一层灰尘，犀牛的旁边有一层灰尘，场景的后边有 3 层灰尘将整个远景笼罩。

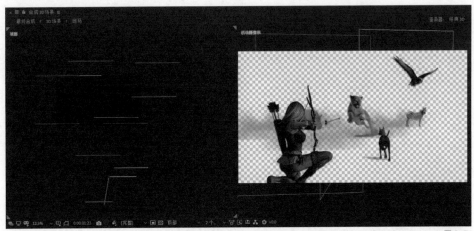

图 6-51

现在，整个 3D 场景中的各个元素已经放置到场景中合适的位置了，如图 6-52 所示。

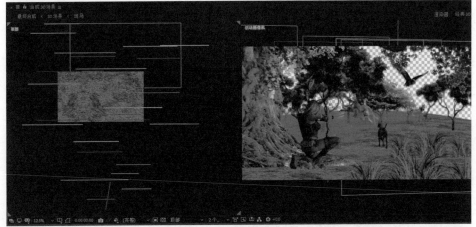

图 6-52

在时间轴面板中切换到"最终合成"，将原本的"摄像机"图层删除，隐藏"出画入画"图层。可以看到，此时活动摄像机的位置是不对的，如图 6-53 所示，因为此时"最终合成"中没有摄像机存在。

在时间轴面板中切换回"3D 场景"合成，选中"摄像机"图层，按快捷键 Ctrl+C 将其复制。回到"最终合成"，按快捷键 Ctrl+V 粘贴图层，并将其拖曳到最上层，得到正确的摄像机动画，如图 6-54 所示。

图 6-53

图 6-54

预览动画，确认无误后即可渲染输出动画，效果如图 6-55 所示。

图 6-55

在"最终合成"中，除了前面制作的"3D 场景"外，还添加了"区域的亮度"图层实现柔光的效果，添加了"光晕"图层实现光的效果，添加了"颜色"图层将整个画面的亮部增加，暗部减少，使画面更加清晰，添加了蒙版为画面制作出暗角效果，添加了"遮幅"图层使画面更加符合电影画面的比例，添加了"出画入画"图层使画面从最初的黑屏，到第 1 秒开始淡入，最后 1 秒淡出、黑场、结束。

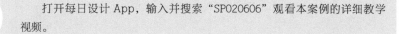

打开每日设计 App，输入并搜索"SP020606"观看本案例的详细教学视频。

训练营 6 制作草原狩猎动画

使用提供的素材和本课学习的知识制作草原狩猎动画，读者可完全按照前面讲解的步骤制作，也可按照自己的想法制作。

打开每日设计 App，在本书页面的"训练营"栏目可以找到本题。提交作业，即可获得专业的点评。

一起在练习中精进吧！

这才叫专业——
颜色校正与质感营造

 每日设计

在影片制作中，颜色的校正与调整非常重要。

颜色校正能够弥补由于设备或环境等导致的颜色瑕疵，颜色调整可以为影片创造出不同的风格、丰富的色彩等。

本课将通过6个案例讲解调色的相关知识，带领读者对影片进行颜色校正和质感营造。

1. 调节色相，打造梦幻森林

在 AE 中，颜色三要素（HSL）包括色相（H）、亮度（L/B）和饱和度(S)。任何颜色都可以通过颜色三要素来描述，人眼看到的颜色光都是这 3 个要素的综合效果。要为影片调色，首先要掌握颜色的三要素。

打开"色彩基础知识（初始）.aep"项目，在"色相（H）调节"合成、"亮度（L/B）"合成和"饱和度（S）"合成中，均有 3 个图层，将画面分为 3 份，"XX01"是画面中间的一份；"XX03"是完整的画面，在画面最下层；"XX02"在"色相（H）调节"合成和"亮度（L/B）"合成中是画面最右侧的一份，在"饱和度（S）"合成中是画面最上方的一份，效果如图所示。这样便于对不同效果进行对比。

打开每日设计 App，输入并搜索
"SP020701"观看该视频。

知识点：光学三原色

◆光色三原色包括红色（R）、绿色（G）和蓝色（B），也就是软件中经常用到的 RGB，使用不同比例的红色、绿色和蓝色可以组合出不同的颜色。

知识点：互补色

◆典型的互补色如红色—青色（C）、绿色—玫红色（M）、蓝色—黄色（Y）等。

◆若镜头存在偏色，可以根据互补色进行调节；如果想要镜头呈现不同的色调，也会用到互补色，如镜头的高光部分偏黄色，阴影部分偏蓝色，镜头就具有对比较强烈的色彩关系，形成黄蓝色调。

◆在运用互补色时，通常会对颜色进行分离，如将高光和阴影向着不同的互补色调节，以增强颜色对比，使影片具有更强的视觉冲击力。

打开"色相（H）调节"合成，选中"秋天 01"图层，执行【效果－颜色校正－色相/饱和度】命令，将"通道控制"设置为"黄色"，如图 7-1 所示。

图7-1

知识点：色相

色相指色彩所呈现出的相貌，可通过 AE 中的"色相/饱和度"进行调整。此效果基于色轮实现，围绕色轮移动可调整色相，沿色轮半径移动可调整饱和度。

◆执行【效果－颜色校正－色相/饱和度】命令，可调整图像单个颜色分量的色相、饱和度和亮度，如图 7-2 所示。

◆"通道范围"是颜色的范围，可以控制某一指定颜色通道。除主通道外，还包括红色、黄色、绿色、青色、蓝色和洋红色等通道。几种互补色，可以对不同互补色通道进行调节，以达到色彩分离的效果。

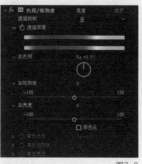

图7-2

◆"主色相"下有色轮，拖曳色轮上的指针，可以将镜头的主色相调整为任意颜色。

拖曳"通道范围"色条上的滑块，扩大黄色的范围，这样画面中被影响的颜色更多。适当调整"黄色色相"，但不要过度，可以得到比较自然的红叶，如图 7-3 所示。和原始画面对比，图 7-3 得到的是深秋时红叶的效果。画面中绿色部分保留得较完整，只有发黄叶子的颜色改变了，这是对黄色通道控制的结果。

图7-3

选中"秋天 02"图层，执行【效果－色彩校正－色相/饱和度】命令，勾选"彩色化"选项，这样可以给选中的图层添加一个单色。将"着色色相"设置为"240"，将"着色饱和度"设置为"30"，将"着色亮度"设置为"-80"，可以得到一个比较梦幻的颜色，如图 7-4 所示。此时的图层混合模式是"色相"，这样会把色相和原始画面叠加，得到梦幻的颜色。

图7-4

打开每日设计 App，输入并搜索"SP020702"观看本案例的详细教学视频。

2. 调节亮度，得到诱人的烧烤效果

打开"亮度（L/B）"合成，选中"烤肉01"图层，执行【效果－颜色校正－亮度和对比度】命令，调整"亮度"值，如图7-5所示。比起原始画面，此时的肉排纹理更加清晰，番茄的颜色发灰，从烤炉冒出来的浓烈烟雾对画面的影响变小了。

图7-5

知识点：亮度

亮度指色彩的明亮程度，可通过 AE 中的"亮度和对比度"进行调整。

◆执行【效果－颜色校正－亮度和对比度】命令，可调整整个画面的亮度和对比度，如图7-6所示。

◆调整"亮度和对比度"是调整图

图7-6

像色调范围简单的方式之一，使用此方式可一次性调整图像中所有像素值，包括高光、阴影和中间调。

将"烤肉01"图层的"亮度和对比度"复制给"烤肉02"图层，并将"对比度"设置为"70"，可以看到烟雾进一步弱化，食材更加清晰，如图7-7所示。

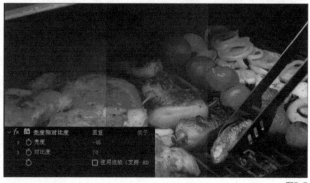

图7-7

打开每日设计 App，输入并搜索"SP020703"观看本案例的详细教学视频。

3. 调节饱和度，改善画面色彩效果

图7-8

打开"饱和度（S）"合成，分别选中"美女 01"图层和"美女 03"图层，执行【效果 - 颜色校正 - 自然饱和度】命令，将"美女 01"图层的"自然饱和度"设置为"100"，将美女 03"图层的"饱和度"设置为"100"，效果如图 7-8 所示。

可以发现，"自然饱和度"设置为"100"时，人物的肤色没有太大的变化；"饱和度"设置为"100"时，人物的肤色变化比较大。这是因为"自然饱和度"在一定程度上对肤色有保护作用。

知识点：饱和度

饱和度指颜色的鲜艳程度。图像所含颜色的多少，可通过 AE 中的"自然饱和度"进行调整。

◆执行【效果 - 颜色校正 - 自然饱和度】

图7-9

命令，有"自然饱和度"和"饱和度"两个选项，如图 7-9 所示。

◆要均衡调整所有颜色的饱和度，可调整"饱和度"选项。

◆"自然饱和度"选项特别适用于增加带有人物图像的饱和度，通过该选项可调节的颜色色相在洋红色到橙色范围内，图像中的人物受"自然饱和度"调整的影响较小。要使饱和度值较低的颜色比饱和度值较高的颜色受的影响更多，并保护人物的肤色，可调整"自然饱和度"选项。

在实际操作过程中，调整带有人物的画面时，可以调整"自然饱和度"选项。将"美女 01"图层的"自然饱和度"设置为"33"，画面没有出现失真的情况，人物的眼睛变得更蓝了，肤色没有太大变化。如果需要调节整个画面的色彩，可以调整"饱和度"选项，将"美女 03"图层的"饱和度"设置为"36"，画面的饱和度增加且未出现失真情况，效果如图 7-10 所示。

图7-10

打开每日设计 App，输入并搜索"SP020704"观看本课的详细教学视频。

4. 学会判断画面是否偏色

在实际操作中，对普通短视频或手机录制的视频的质量要求相较于专业级影视作品并不高，对它们进行简单校色即可。利用颜色校正就可以完成简单校色，调整画面颜色。"颜色平衡"、"色阶"和"曲线"是为视频进行颜色校正时经常使用的选项。

在进行颜色校正之前，先要学会判断画面是否偏色。

"色相 / 饱和度"鉴别法

光源显色性差的照片，如在普通荧光灯或阴天等环境下拍摄的照片，通常其颜色的饱和度很低，凭借肉眼不容易判断它们是否存在偏色。可以在 AE 中打开这种照片，执行【效果 – 颜色校正 – 色相 / 饱和度】命令，将其"饱和度"增加 50%，一般就能明显看出它们是否偏色。

图 7-11 所示为一张女孩的照片，这张照片是在阴天拍摄的。

在 AE 中打开这张照片，按 F3 键，在效果控件面板中单击鼠标右键，在弹出的菜单中执行【颜色校正 – 色相 / 饱和度】命令，将"主饱和度"设置为"50"，将鼠标指针放在图片中白色区域内并移动，如图 7-12 所示，查看右侧信息面板中的 R、G、B 值。

图7-11

正常情况下，白色的 R、G、B 值应该是相同的，此时可以看到"R"的值偏低（鼠标指针在白色区域内移动，可发现很多位置的"R"值基本都比"G"和"B"值低一些），所以这张照片是偏色的。使用这种方法可以准确地判断图片是否偏色。

图7-12

灰平衡鉴别法

在 AE 中打开图片，打开信息面板，将鼠标指针放在图片中灰色的部分，在信息面板中查看 R、G、B 值，如果比例接近 1∶1∶1，则说明该图片没有偏色。因为影像画面不是电子标版的色卡，也不是纯色的填充，允许有环境光反射形成的"偏色"，所以 R、G、B 值的比例接近 1∶1∶1 即可。

在 AE 中新建一个纯色图层，在弹出的"纯色设置"对话框中单击"颜色"下的色板，弹出"纯色"对话框，如图 7-13 所示。

图7-13

鼠标指针沿着取色区域最左侧滑动，这一列的颜色是由白色到黑色的过渡，除黑色和白色外，其他颜色称为灰色，没有任何色彩倾向（称为无彩色），它们的 R、G、B 值是相等的。

灰平衡鉴别法就是在图片中找到灰色的部分，无论选择偏白色部分，还是选择黑色部分，或者选择黑色或白色部分，总之一定要选择没有色彩倾向的范围，只要 R、G、B 值的比例接近 1∶1∶1，就认为这幅图片没有偏色，如果其中某个值与另外两个相差较多，就认为有偏色（注意要选择多个点进行判断）。

5. 了解校色的作用与颜色校正原则

颜色校正在实际工作中经常被称为一级校色，是校正图像偏色的基本过程，用来确保图像的色彩能够比较精确地再现拍摄现场人眼看到的情况。校色是严谨的工作，且有严格的标准规范。在 AE 中，一级校色与二级调色使用术语"颜色校正"来表达。

校色的作用

校色常用于为多个素材统一色调、调整镜头颜色（以模拟特定拍摄条件）和调整镜头曝光度（以修复瑕疵）。

▌为多个素材统一色调便于合成编辑

在影片拍摄时，一般无法保证所有镜头都在相同条件下拍摄。如在下午拍摄时，光线变化很快，要将一系列镜头编辑到一起，需要镜头看起来像是在相同条件或者相同时间段拍摄的，这时就需要对镜头进行颜色校正，使所有镜头的色调看起来相对统一，如图 7-14 所示。

图7-14

▌调整镜头颜色，模拟特定拍摄条件

对镜头进行颜色校正，可以调整镜头颜色，模拟特定拍摄条件。例如，使在白天拍摄的镜头看起来像是在夜晚拍摄的，使在傍晚拍摄的镜头看起来像在夜间拍摄的，如图7-15所示。

图7-15

▌调整镜头曝光度，修复瑕疵

调整镜头曝光度，使其从曝光过度或曝光不足中恢复细节，修复拍摄中的瑕疵。例如，在拍摄时，拍摄器材没有调整好，拍摄的镜头曝光不足，都可以使用 AE 对镜头进行修复，如图 7-16 所示。对于前期拍摄时的瑕疵，使用 AE 可以进行一定程度的修复，但不能将所有瑕疵消除，所以在前期拍摄时还是要认真调整拍摄设备。

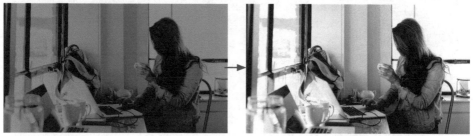

图7-16

颜色校正原则

下面讲解两个颜色校正原则。

▌ 标准色温（日光）影像的偏色以灰平衡为准

灰平衡可以是暗调、中间调或高光部分。在校色处理上，中间调部分的 RGB 值的比例基本接近 1：1：1 就算校色到位。如采样点的 RGB 值为"128、124、130"，就认为镜头的颜色实现了比较好的校正。因为受环境光的影响，所以对于要求不高的校色，允许有 10% 左右的校色偏差。

▌ 遵循光学三原色与互补色光学规律

颜色校正的过程是对光学数据（主要是光学三原色或互补色）相互增减和互补关系调节的过程，此过程遵循光学三原色（R、G、B）与互补色（C、M、Y）的光学规律。

6. 简单校色——解决普通视频校色问题

本案例利用 3 种简单的工具（色彩平衡、色阶和曲线），快速纠正镜头之间由于拍摄时间不同造成的明暗、颜色等差异，获得较为精准的画面颜色，从而提高视频的制作效率。

打开"简单校色（初始）.aep"项目，时间指示器位于第 3 秒 16 帧。"阴影"图层、"中间调"图层和"高光"图层分别圈出了镜头中比较典型的阴影、中间调和高光部分。"马拉松赛事 01"图层、"马拉松赛事 02"图层和"马拉松赛事 03"图层将画面分成 3 个部分，"马拉松赛事 02"图层是中间部分。"马拉松赛事 01.mp4"图层和"马拉松赛事 03.mp4"图层的镜头一致。

利用颜色平衡使画面的色调平衡

显示"阴影""中间调"和"高光"图层，选中"马拉松赛事 03.mp4"图层，执行【效果 - 颜色校正 - 颜色平衡】命令，如图 7-17 所示。

图7-17

知识点：颜色平衡

◆颜色平衡可更改图像阴影、中间调和高光中的红色、绿色和蓝色（也就是 R、G、B）的值，可保持图像的色调平衡。"颜色平衡"列表中共有 10 个选项，如图 7-18 所示。

◆"颜色平衡"列表中所有选项的值的范围均为"-100 ~ 100"。

◆"保持发光度"选项用在更改颜色时保持图像的平均亮度，一般不会勾选。

图7-18

打开信息面板，这里会显示鼠标指针所在画面位置的颜色信息。在查看器面板中的镜头高光部分移动鼠标指针，查看信息面板中的RGB值如图7-19所示。

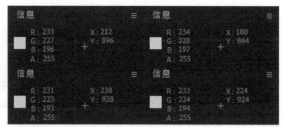

图7-19

根据RGB值可以判断出画面缺少蓝色和绿色，红色偏多，所以画面颜色偏黄。图7-19选择的是高光部分的RGB值，所以应调整"颜色平衡"中的高光部分。通过信息面板中的RGB值计算出蓝色和红色的值相差37，绿色和红色的值相差6。在效果控件面板中调整对应属性，再次查看高光部分的RGB值，如图7-20所示。可以看到，高光部分红色、绿色和蓝色的RGB值基本平衡。

图7-20

同理，调整中间调部分和阴影部分的值。先查看信息面板中的画面颜色信息，根据颜色信息调整对应属性，如图7-21所示。

至此，高光部分、中间调部分及阴影部分的颜色平衡已经调整过一遍了，但是每次调整RGB值后难免会对其他区域的颜色造成影响，所以仅仅调整一遍RGB值是远远不够的，需要重复几次，使高光部分、

图7-21

中间调部分及阴影部分的颜色都达到相对平衡的状态，如图 7-22 所示。

图7-22

利用色阶调整镜头颜色分布范围

为方便观察镜头的颜色分布范围，执行【窗口 –Lumetri 范围】命令，调出 Lumetri 范围面板，并将其显示模式设置为"分量 RGB"，隐藏"阴影"、"中间调"和"高光"图层，选中"马拉松赛事 03.mp4"图层，如图 7-23 所示

图7-23

知识点：Lumetri 范围（调色辅助工具）

◆常用的功能是其中的"分量 RGB"，图 7-24 所示为"分量 RGB"。"分量 RGB"显示的是整幅图片的 RGB 分布。

◆单击 Lumetri 范围面板右下方的 ◤ 按钮，可以选择不同的显示模式。

◆从图 7-24 中可以看到：高光部分有点偏蓝；阴影部分绿色更加突出，红色相差不多，蓝色相对欠缺；蓝色的高光部分的值没有达到"255"，绿色的阴影部分的值没有在"0~10"。说明这幅图片没有明确的亮部，也没有明确的暗部。

知识点：Lumetri 范围（调色辅助工具）

使用"分量 RGB"可以很好地鉴别数字视频信号中的明亮度、亮部和暗部是否达到制作要求，也可以显示 RGB 的波形，检查数字视频中是否存在偏色现象。

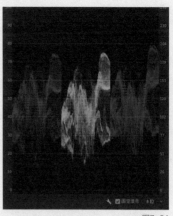

图7-24

通过 Lumetri 范围面板，可以观察到画面中红色部分超过了"255"，绿色部分较红色部分和蓝色部分的值低一些，红色、绿色和蓝色部分的暗部的值不同程度地低于"0"。选中"马拉松赛事 03.mp4"图层，执行【效果 – 颜色校正 – 色阶】命令，分别调整红色、绿色和蓝色通道的"输入白色""输出白色""输入黑色"和"输出黑色"的值，以调整整个画面的色阶，设置及结果如图 7-25 所示。

图7-25

知识点：色阶

通过色阶可将输入颜色或 Alpha 通道色阶的范围重新映射到输出色阶的新范围，并由"灰度系数"值确定颜色值的分布。此效果的作用与 Photoshop 中的色阶非常相似，常用选项如图 7-26 所示。

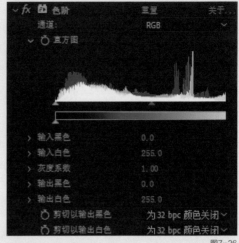

◆ "通道"用于指定要修改的颜色通道。

◆ "直方图"显示图像中的像素数和亮度值。

◆ "输入黑色"的值是图像亮度值中的一个值，"输出黑色"的值是自定义的一个值。图像中与"输入黑色"的值相等的亮度值将以自定义的"输出黑色"的值显示。"输入白色"和"输出白色"的作用类似。

◆ "灰度系数"是用于确定输出图像亮度值分布功率曲线的指数。

图7-26

通过曲线调整镜头的亮度，增加对比度

通过调整镜头颜色范围和色阶，得到了颜色相对精准的镜头，接下来对整个镜头进行综合性的调整。选中"马拉松赛事 03.mp4"图层，执行【效果 – 颜色校正 – 曲线】命令。对曲线图进行调整，将整个镜头的亮部提亮一些，暗部压暗一点，但亮部的值不要高于"255"，暗部的值不要低于"0"，如图 7-27 所示。

图7-27

提示 ⚡

因为之前已经对"红色""绿色""蓝色"通道进行了调整，使 RGB 值都在正确的范围之内，所以此时只需要对曲线中"RGB"通道的亮度进行调整。

在查看器面板中镜头的高光部分和阴影部分移动鼠标指针，查看信息面板中的 RGB 值，

提示 ⚡

可以看到高光部分的 RGB 值均在"240"左右，没有超过"255"而形成过曝状态，阴影部分的 RGB 值均在"20"左右，没有低于"0"而产生死黑的情况。

通过曲线工具使整个镜头的对比度增加了，产生了平滑的对比度变化。

知识点：曲线

◆通过曲线可调整图像的色调范围和色调响应曲线。通过色阶也可调整色调响应，但曲线的控制力更强。效果控件面板中的曲线如图 7-28 所示。

◆在曲线图中可以通过调整曲线来调整图像的明暗。将曲线向上调整，图像变亮；将曲线向下调整，图像变暗。

◆通道用于指定要调整的颜色通道。将"通道"设置为"RGB"，调整曲线会改变整幅图像的明暗。将"通道"设置为某个单色通道，调整曲线会改变图像中该色的明暗。

◆单击"自动"按钮可以自动调整曲线中的曲线；单击"平滑"按钮可以使曲线变得平滑；单击"重置"按钮可以将曲线重置为直线。

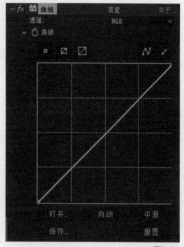

图7-28

下面制作添加效果后的对比镜头。显示"马拉松赛事 02.mp4"图层（画面的中间部分），选中"马拉松赛事 03.mp4"图层。复制其"颜色平衡"，粘贴给"马拉松赛事 02.mp4"图层。将"马拉松赛事 03.mp4"图层前小箭头的蒙版叠加模式设置为"相加"，效果如图 7-29 所示。左侧部分是原始镜头，中间部分是颜色校正后的镜头，右侧部分是调整完成的镜头。

图7-29

　打开每日设计 App，输入并搜索"SP020706"观看本课的详细教学视频。

7. 一级校色——让视频颜色更接近实景颜色

利用 Lumetri 颜色的基本校正模块，对航拍的夜景城市镜头进行颜色校正（一级校色）。本案例将进一步介绍 Lumetri 颜色中基本校正模块的用法。

打开"颜色校正（一级校色）（初始）.aep"项目，本案例将对该项目中的镜头进行基本的颜色校正。

打开每日设计 App，输入并搜索
"SP020707"观看该视频。

使用白平衡选择器调整画面颜色

新建一个调整图层，并将其重命名为"颜色校正"。选中调整图层，执行【效果 - 颜色校正 -Lumetri 颜色】命令，展开"基本校正"列表，如图 7-30 所示。

图7-30

知识点：Lumetri 颜色 - 基本校正

◆ "Lumetri 颜色"列表中提供了颜色校正和二级调色流程常用的选项。

◆ 使用"基本校正"下的选项（如图 7-31 所示）可以对镜头进行颜色校正，使镜头颜色处于相对准确的范围。

◆ 通过"输入 LUT"可以校正或者还原镜头原本的颜色信息，可以载入不同器材设备预设的 LUT 文件或第三方制作的器材设备预设 LUT 文件。

◆ "白平衡"用于调节镜头的色温与色调。通过"白平衡选择器"可以选择镜头中没有色彩倾向的灰色部分，系统将自动校正镜头偏色，调整镜头的色温和色调。对于偏色不严重的镜头可以使用"白平衡选择器"选项，对于光源复杂或偏色严重的画面不建议使用"白平衡选择器"选项。

◆ "音调"列表中包含了颜色校正过程中基本的调节选项。

◆ 通过"饱和度"可以调节整个画面的饱和度。

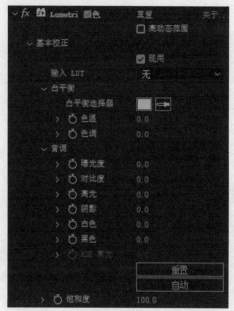

图7-31

因为不能确定该视频是由哪种型号的设备拍摄的，所以对"输入 LUT"不做设置。使用"白平衡选择器"的吸管吸取镜头中的颜色，对整个镜头的色温和色调进行校正，需要选取 RGB 值均为"120"的地方作为采样点。镜头中的白云部分，颜色较亮且基本没有色彩倾向。查看 RGB 值可知，两栋楼之间的白云部分符合上述条件，如图 7-32 所示。

图7-32

137

单击"白平衡选择器"的"吸管"按钮 ，吸取白云部分的颜色，系统将根据吸取的颜色自动对"色温"和"色调"值进行调整。查看镜头中不同灰色部分的 RGB 值（如白云部分、无色彩倾向的楼体），如图 7-33 所示。

"色温"为"27.4"
"色调"为"3.2"

图7-33

还可以利用灰平衡原理实现上述效果。不论颜色较暗还是较亮，只要被选中的颜色的 RGB 值的比例接近 1:1:1即可，但要保证被选中的颜色在镜头中占比较大。通过 Lumetri 范围面板"分量 RGB"显示模式查看镜头的 RGB 范围，找到处于范围中间位置的值。打开 Lumetri 范围面板，查看镜头（未做修改的镜头）的 RGB 分布范围，可知该镜头中蓝色最多，红色和绿色相对较少，如图 7-34 所示。

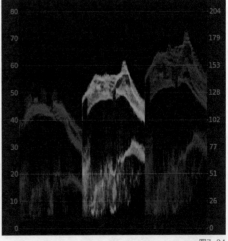

图7-34

因为案例中的航拍镜头是夜景状态，所以镜头中没有太亮的部分。通过观察 Lumetri 范围面板，可以计算出镜头的亮度值集中在"90"左右。使用"白平衡选择器"的吸管，吸取 RGB 值均接近"90"的颜色，如图 7-35 所示。对比颜色校正前后的镜头，校正前镜头偏向蓝色，校正后 RGB 值分布较平均，白云部分偏红色，符合太阳刚刚下山时的情况。

图7-35

校正镜头颜色并突出灯光

本案例中镜头为夜景，若想要得到相对符合拍摄时间的颜色并突出灯光，可以将"曝光度"值降低一些，使镜头整体颜色变暗，适当调整"对比度"值，使建筑的轮廓变得清晰，如图 7-36 所示。"对比度"值不要调整得过大，否则镜头会产生噪点。

"曝光度"为"-1.5"
"对比度"为"35"

图7-36

将"高光"设置为"150"以增强镜头的明暗对比，让亮的部分更亮。通过 Lumetri 范围面板可以看到，有低于"0"的颜色存在，画面中暗部比较昏暗。将"阴影"设置为"36"，使暗部不要过于昏暗，如图 7-37 所示。暗部过暗，颜色的 RGB 值低于"0"会产生死黑颜色。

图7-37

　　将"白色"值调到最大,镜头会呈现天亮的状态,没有夜景的感觉。因此适当调整"白色"值,使亮的地方亮一些。由于镜头中暗部已经很暗了,"黑色"值只需要稍微调低即可,如图7-38所示。

"白色"为"40"
"黑色"为"-1"

图7-38

　　根据画面的需要,增加一点饱和度。将"饱和度"设置为"120",如图7-39所示。镜头整体的色彩范围会变大,水看起来更蓝,灯光看起来更暖,此时的画面已经比较符合拍摄时的颜色。

图7-39

调整 Lumetri 颜色时无固定值，读者需根据镜头需要，调节不同选项的值。若想要得到比拍摄时间晚一些的颜色状态，可以将"白色"设置为"−10"，将"黑色"设置为"−1"，将"对比度"设置为"0"，将"曝光度"设置为"−1.5"，将"高光"设置为"147"，将"阴影"设置为"−72"，效果如图 7-40 所示。

图7-40

打开每日设计 App，输入并搜索"SP020708"观看本课的详细教学视频。

8. 二级调色——制作不同风格的创意作品

　　颜色调整在实际工作中经常被称为二级调色，主要用于对影片的整体色调或者某一个画面的颜色进行调整，用于创建更加丰富有趣的画面，而不是用于解决颜色校正问题。

　　下面将通过"打造黑金城市"案例，介绍如何制作不同风格的作品。

打开每日设计 App，输入并搜索
"SP020709"观看该视频。

利用 Lumetri 颜色的"创意"部分快速统一镜头色调

　　在拍摄现场，每一个光源都有它存在的意义，但由于环境限制、灯光不足、设备欠缺等因素，最后得到的镜头往往存在色调不统一等问题。因此，在拍摄完成后就需要对拍摄的镜头进行调整。本案例中的镜头就存在上述问题，需要将不同镜头的色调统一。

　　打开"黑金城市（初始）.aep"项目。在"黑金城市"合成中有 3 个镜头：第 1 个镜头是从几乎贴地的角度拍摄的石头，偏向蓝色调；第 2 个镜头是俯拍城市的中景镜头，天色发灰；第 3 个镜头是城市远景道路的镜头，天色很暗，道路上的灯光效果和前两个镜头也不统一，如图 7-41 所示。

图7-41

　　新建一个调整图层，重命名为"二级调色"。选中调整图层，执行【效果－颜色校正－Lumetri 颜色】命令。在效果控件面板中，展开"创意"列表，单击"Look"下拉按钮，在下拉列表中单击"浏览"按钮，找到"黑金城市.CLUB"文件，将其导入，此时镜头效果如图 7-42 所示。

图7-42

知识点：Lumetri 颜色 – 创意

在进行二级调色时，要有意识地为镜头创建风格，并要考虑其所处的季节、时间氛围等。风格不是固定的，它用于更好地突出导演的意图、烘托剧情、传达情绪，切记不要一味追求风格而忽视风格的意义。"Lumetri 颜色"中"创意"下的选项主要为画面创建、调整风格，如图 7-43 所示。

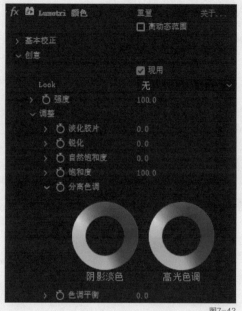

图7-43

◆ "Look"中的所有预设统称为 LUTS，其中有模拟胶片风格的 LUT 文件，还有一些其他风格文件。读者可以创建自己的 LUT 文件或导入第三方创建的 LUT 文件，从而快速创建镜头的风格。

◆ "创意"中的 LUTS 主要为镜头创建各种风格，而"颜色校正"中的 LUTS 主要针对不同设备拍摄的镜头存在的颜色瑕疵进行一定程度的弥补。

◆通过"强度"可以控制 LUT 与镜头的融合程度，可以为镜头添加多个"Lumetri 颜色"选择不同的 LUT。将"强度"设置为不同的值，可以叠加出不同的效果。

◆ "淡化胶片"的作用类似于在画面上叠加一层灰色，模拟胶片拍摄的感觉。

◆通过"分离色调"可以调整"高光色调"和"阴影淡色"的颜色走向，一般将"高光色调"与"阴影淡色"向互补的颜色调节，以形成适当的对比。

◆将"色调平衡"向正数方向调整，可以使镜头颜色向"阴影淡色"的颜色偏移，反之则向"高光色调"的颜色偏移，以平衡"阴影淡色"和"高光色调"调整的颜色。

调整城市近景

展开信息面板，查看城市近景和城市中景中天空交界处的 RGB 值，可以发现城市近景中天空的 RGB 值均在"140"左右，城市中景中天空的 RGB 值均在"100"左右。所以，要降低城市近景中天空的亮度，使镜头的过渡更自然。

选中"城市近景"图层，执行【效果 – 颜色校正 –Lumetri 颜色】命令，打开曲线，通过"色相饱和度曲线 – 色相与亮度"曲线调整城市近景中天空的颜色。因为镜头中需要保留的明亮部分基本为黄色与红色，所以在"色相与亮度"曲线中黄色和绿色交界处添加一个锚点，在紫色和红色交界处添加一个锚点，并在两个锚点中间添加一个锚点，将中间的锚点向下拖曳，使城市近景中天空的 RGB 值均降到"100"左右，如图 7-44 所示。

图7-44

知识点：Lumetri 颜色 – 曲线

"曲线"列表中包括"RGB 曲线"和"色相饱和度曲线"两个选项，如图 7-45 所示。

◆ "RGB 曲线"用于调节镜头整体颜色，以及红色、绿色或蓝色的亮度。调整的方法是：根据镜头需要选中某个颜色，在直线上的不同位置单击添加锚点，向上或向下拖曳锚点，改变相应颜色的亮度。在曲线图中任何位置双击，曲线恢复为直线。

◆ "色相饱和度曲线"用于分别调节镜头中不同区域的颜色，有以下选项。

● "色相与饱和度"适用于增加或减少特定颜色的饱和度。

● 通过"色相与色相"可在选中的色相范围内调整像素的色相，适用于颜色校正。

● 通过"色相与亮度"可在选中的色相范围内调整像素的亮度，适用于强调或淡化孤立色彩。

● 通过"亮度与饱和度"可在选中的亮度范围内调整像素的饱和度，适用于增加或减少亮处、阴影的饱和度。

● 通过"饱和度与饱和度"可在选中的饱和度范围内调整像素的饱和度。

"曲线"列表中各个选项的调整方式相似，选项名字的前部分为指定调整范围的属性，后部分为要调整的属性，对镜头进行局部调整时非常好用。

图7-45

在"色相与亮度"曲线中再添加两个锚点，并适当向下拖曳，使城市近景的颜色过渡更加平滑。在"亮度与饱和度"曲线的左侧、中间和右侧各添加一个锚点，将右侧的锚点向上拖曳，左侧的锚点向下拖曳，使镜头中亮部的饱和度高一些，暗部的饱和度低一些。同时镜头左上角的噪点也减少了，如图 7-46 所示。

图7-46

调整城市中景

调整城市中景，将红色的屋顶部分弱化，使黄色灯光在画面中最明显。选中"城市中景"图层，执行【效果 – 颜色校正 –Lumetri 颜色】命令，通过"色相与饱和度"曲线调整城市中景中屋顶的颜色。若调整后屋顶的颜色还是较红，可以通过"色相与色相"曲线改变其颜色，如图 7-47 所示。可以看到屋顶的饱和度降低了，颜色变为橙色偏绿，不再明显。

图7-47

调整城市远景

调整城市远景中由于反射灯光颜色而过于鲜艳的地面,将其颜色调整为偏黄色。选中"城市远景"图层,执行【效果 - 颜色校正 -Lumetri 颜色】命令,通过"色相与色相"曲线调整城市远景中地面的颜色,如图 7-48 所示。

图7-48

此时,城市远景中亮的地方偏黄,天空部分存在很多噪点。为城市远景单独添加 LUT 文件。选中"二级调色"图层,按住 Shift 键将时间指示器拖曳到城市远景与城市中景的交界处,时间指示器会在交界点处吸附,按快捷键 Alt+},将"二级调色"图层的工作区设置为在此位置结束,"城市远景"镜头将不受"二级调色"图层的影响。选中"城市远景"图层,展开"创意"列表,导入"黑金城市"LUT 文件,将"强度"设置为"60",对"色相与色相"曲线进行适当调整,如图 7-49 所示。

图7-49

为所有镜头添加暗角效果

新建一个调整图层并将其重命名为"暗角"。选中"暗角"图层，执行【效果－颜色校正－Lumetri 颜色】命令。展开"晕影"模块，将"数量"设置为"－1.6"，将"羽化"设置为"70"，效果如图 7-50 所示。

图7-50

知识点：Lumetri 颜色－晕影

"晕影"用于为镜头添加暗角效果，有 4 个选项，如图 7-51 所示。

◆ "数量"和"中点"用于控制暗角影响镜头的范围。

◆ "圆度"用于调整暗角的圆度。

◆ "羽化"用于调整镜头与暗角的过渡，控制两

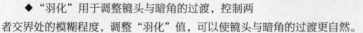

图7-51

者交界处的模糊程度，调整"羽化"值，可以使镜头与暗角的过渡更自然。

知识点：Lumetri 颜色－色轮

"色轮"包括"阴影""中间调"和"高光"3 个色轮，如图 7-52 所示，它们分别用于分离阴影色、中间色和高光色。

◆ "高光"和"中间调"可以向相邻的颜色调整，"阴影"可以向"高光"和"中间调"的互补色调整。在某一色轮中双击，可以还原该色轮的设置。

◆ 分离镜头中阴影、中间调和高光的色彩倾向，可以为镜头建立独特的风格。

图7-52

147

知识点：Lumetri 颜色 – 次要

◆ "HSL 次要"比"曲线"对镜头的调整更加细
微，常用于调整分布非常小且边界清晰的颜色范围。
大面积颜色范围的调整应使用"曲线"。

◆ "HSL 次要"分为"键""优化"和"更正"3
个列表，如图 7-53 所示。

● 调整"键"下的选项，可快速为镜头设置蒙版。

● 调整"优化"下的"降噪"选项，可以使蒙版
产生一定的模糊，增加过渡的信息。调整"模糊"选
项可以使蒙版边缘扩大，选择颜色的纯度降低，产生
羽化的效果。

● "更正"下的选项在前文中都出现过，只是针
对的调整对象不同，这里选项的调整对象是使用前两
个列表调整好的蒙版。

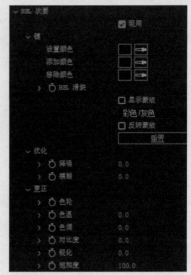

图7-53

 打开每日设计 App，输入并搜索"SP020710"观看本课的详细教学视频。

训练营 7　制作城市夜景动画

　　使用提供的素材和本课学习的知识制作城市夜景动画，读者可完全按照前面讲解的步骤制作，也可按照自己的想法制作。

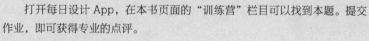

　　　　　　　打开每日设计 App，在本书页面的"训练营"栏目可以找到本题。提交作业，即可获得专业的点评。

　　　　　　　一起在练习中精进吧！

模拟真实项目——
制作《狂野非洲》预告片

每日设计

预告片是对影片中精华片段的剪辑，它能令人对影片充满期待。预告片通常在影片上映前一到两个月发布。

本课将使用前面学过的知识制作商业级的《狂野非洲》预告片。

预告片是将影片中的信息、精华镜头与震撼的音乐结合，制作出的有节奏感的短片。本课将运用前面所学的知识制作《狂野非洲》预告片，预告片中包含影片上映的时间、影片的精彩画面（本案例中用镜头图片代替）和广告语。

在制作预告片前，要制作详细的分镜头脚本，如先出现文字，还是先出现影片中的镜头。根据影片主题，选择适合影片风格的音乐。可以对音乐进行编辑，并使用一些音效来强化效果，然后根据音乐的节奏将文字和影片镜头合理安排。

打开"电影预告片（初始）"项目，其中的"电影预告片"文件夹包含"设计文件"和"视频"文件夹，"渲染"合成，"音乐"合成，"预告片音乐 .mp3"文件和"预告片音效 .wav"文件。

"设计文件"文件夹中包含的内容如下："纯色"文件夹包含一些空对象图层和调整图层；"镜头图片"文件夹中有 14 幅用来替代影片精彩画面的镜头图片；"粒子"文件夹中包含一些飘散的粒子文件；"图片"文件夹中有 3 幅图片——背景图片、背景纹理和透明图片；"烟雾"文件夹中有 5 个烟雾视频文件；还有"影片遮幅"PNG 格式图片文件和"氛围光"灯光闪烁视频文件。

"视频"文件夹中包括利用镜头图片制作的 13 个镜头合成。

"渲染"合成中此时无任何内容。

"音乐"合成中有一小段音乐。

1. 基础文字动画制作

下面讲解如何为文字"8月27日"制作字间距动画，实现文字飞快地冲入画面，接着缓缓地缩小，最后定格到合适的大小及位置的效果。

图 8-1 所示为需要实现的效果。

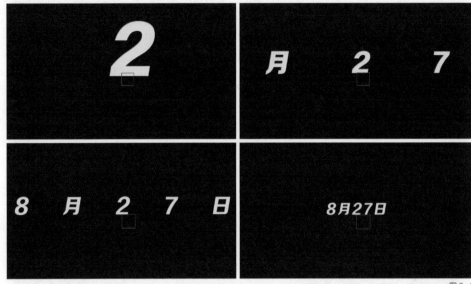

图 8-1

做好准备工作，完成第 1 个文字的排版

在项目面板中的"电影预告片"文件夹中新建文件夹，并将其命名为"文字"，用来存放项目中与文字相关的合成，如图 8-2 所示。在"文字"文件夹中创建一个持续 10 秒的合成，并将其命名为"文字01"，在这个合成中制作基础文字动画。

在"文字01"合成中新建一个文本图层，并将其命名为"文字01"，双击该图层，在查看器面板中输入"8月27日"，并在段落面板和文字面板中对文字进行设置，

图 8-2

然后使用锚点工具将文字锚点调整到文字底部中间位置，如图 8-3 所示。

对齐方式为"居中对齐文本"
文字大小为"115 像素"
"粗体""仿斜体"

图 8-3

提示 ⚡

　　在制作较大的项目时，要注意备份文件，如图 8-4 所示。

　　在首选项面板中，设置好项目的自动保存时间及路径，避免因意外而造成损失。

图 8-4

　　新建一个摄像机图层，并将其命名为"摄像机 1"在弹出的对话框中进行设置，如图 8-5 所示。

　　新建一个空对象图层，将其移动到文字锚点位置，然后将"文字 01"图层和空对象图层转换为 3D 图层。单击查看器面板左下方的■按钮，打开"标题/动作安全"和"标尺"，拉出两条参考线与空对象图层对齐，如图 8-6 所示。

图 8-5

图 8-6

　　将空对象图层重命名为"摄像机控制"，在"摄像机 1"图层与"摄像机控制"图层之间建立父子关系，如图 8-7 所示。

153

图 8-7

制作字间距动画

展开"文字 01"图层，单击"动画"右边的  按钮，在下拉列表中选择"字符间距"
选项。将时间指示器拖曳到第 0 帧，打开"字符间距大小"属性的码表添加关键帧，将"字
符间距大小"设置为"470"，如图 8-8 所示。分别将时间指示器拖曳到第 1 秒和第 10 秒，
将"字符间距大小"分别设置为"12"和"0"。

图 8-8

提示 ⚡

按 J 键、K 键可快速浏览前后关键帧的效果。

利用图表编辑器设置关键帧速度，如图 8-9 所示，并将"文字 01"图层的工作区规
定在 2 秒内。

图 8-9

提示 ⚡

将时间指示器拖曳到第 2 秒，按 N 键，即可将该图层的工作区设置为 0~2 秒。

按 0 键可预览动画。

　　将视图设置为"2 个视图－水平"。将时间指示器拖曳到第 0 帧，选中"摄像机控制层"图层，打开"位置"属性的码表，将"位置"设置为"962，551，1870"。按 K 键，时间指示器将自动跳转到第 1 秒，将"位置"设置为"962，551，0"，打开图表编辑器，按住 Shift 键，拖曳控制手柄，将"影响"设置为"100%"，如图 8-10 所示。

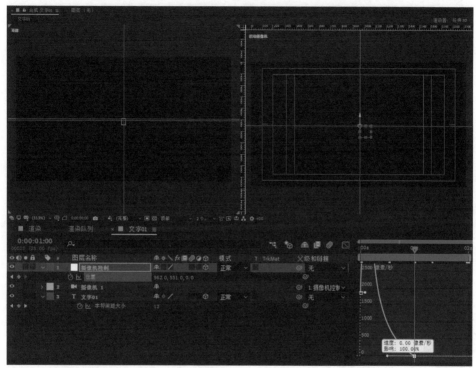

图 8-10

2. 3D 文字效果制作

　　下面将以前面制作的文字动画为基础，讲解如何使用"梯度渐变""斜面 Alpha""CC Light Sweep""简单阻塞工具"和"投影"效果控件，以及如何使用不同的图层叠出 3D 文字的效果。

　　图 8-11 所示为需要实现的效果。

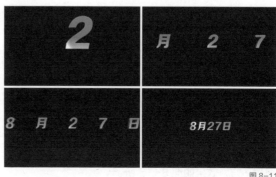

图 8-11

在"电影预告片"文件夹中新建一个文件夹，并将其命名为"3D 文字"。创建持续
10 秒的新合成，命名为"文字 3D-01"。将"文字"文件夹内的"文字 01"合成拖曳到
"文字 3D-01"的时间轴面板中，如图 8-12 所示。选择"文字 01"图层，执行【生成 –
梯度渐变】命令。将查看器面板调整为"1 个视图"。

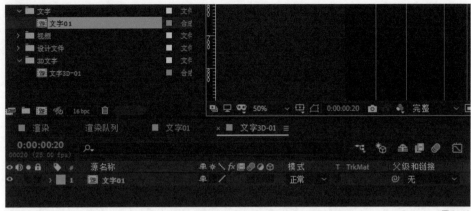

图 8-12

将时间指示器拖曳到第 1 秒，将"梯度渐变"调整为由亮部到暗部渐变，如图 8-13 所示。
执行【效果 – 透视 – 斜面 Alpha】命令，调整相关参数，如图 8-14 所示。

起始颜色为"H: 0、S: 0、B: 100"
结束颜色为"H: 0、S: 0、B: 45"
渐变起点为"960，430"
渐变终点为"960，620"

图 8-13

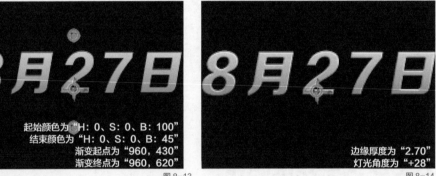

边缘厚度为"2.70"
灯光角度为"+28"

图 8-14

单击查看器面板下方的"切换透明网
格"按钮，将视图切换至透明模式。执行【效
果 – 透视 – 投影】命令，调整相关参数，
如图 8-15 所示。

在时间轴面板中，将"文字 01"合成
重命名为"中间色"。按快捷键 Ctrl+D，
复制"中间色"图层，得到"中间色 2"图
层，将"中间色 2"图层拖曳到"中间色"
图层下方，效果如图 8-16 所示。

"不透明度"为"100"
"距离"为"12"
"柔和度"为"25"

图 8-15

图 8-16

关闭"中间色"图层前面的"眼睛"，选中"中间色 2"图层，设置效果控件面板中的相关属性值，效果如图 8-17 所示。

打开"中间色"图层前面的"眼睛"，调整"中间色"和"中间色 2"图层的"位置"，效果如图 8-18 所示。

起始颜色为"H: 0、S: 0、B: 30"
结束颜色为"H: 0、S: 0、B: 0"
边缘厚度为"22"
灯光角度为"+20"

图 8-17

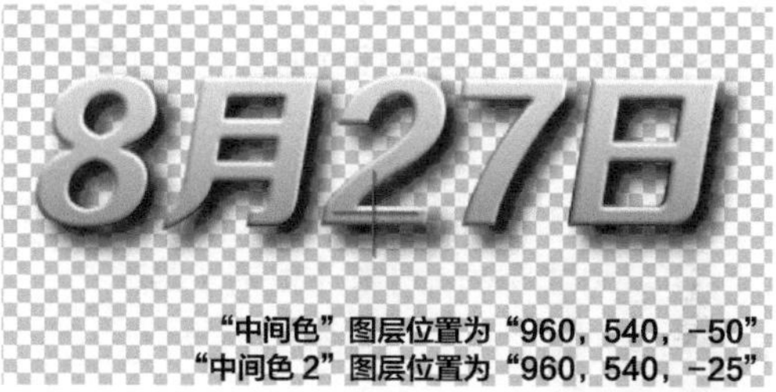

"中间色"图层位置为"960，540，-50"
"中间色 2"图层位置为"960，540，-25"

图 8-18

按快捷键 Ctrl+D，复制"中间色 2"图层。得到"中间色 3"图层。将"中间色 3"图层重命名为"底色"并拖曳到"中间色 2"图层下方。设置"底色"图层的相关属性值，效果如图 8-19 所示。

为文字添加阴影效果。按快捷键 Ctrl+D，复制"底色"图层，将复制的图层拖曳到"底色"图层下方，并重命名为"阴影"，删除其"梯度渐变"和"斜面 Alpha"并打开"独奏"，效果如图 8-20 所示。

起始颜色为"H: 20、S: 99、B: 98"
结束颜色为"H: 20、S: 99、B: 98"
边缘厚度为"18"
灯光角度为"+21"
图层位置为"960，540，0"

图 8-19

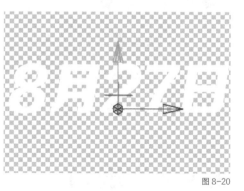

图 8-20

选中"阴影"图层，执行【效果－生成－填充】命令，将"颜色"设置为"H：0、S：0、B：0"；执行【效果－过时－高斯模糊（旧版）】命令，将"模糊度"设置为"27"，将"模糊方向"设置为"垂直"，效果如图 8-21 所示。

将"阴影"图层的"位置"设置为"960，540，-50"。将"中间色 2"图层的"位置"设置为"960，563，-25"，关闭"独奏"，如图 8-22 所示。

图 8-21

图 8-22

选中"中间色"图层，按快捷键 Ctrl+D 重复图层，并将其重命名为"高光"，在效果控件面板中设置相关属性值，效果如图 8-23 所示。

选中"高光"图层，执行【效果 – 生成 –CC Light Sweep】和【效果 – 遮罩 – 简单阻塞工具】命令，设置相关属性值，并调整效果控件的顺序，如图 8-24 所示。

起始颜色为"H: 0、S: 0、B: 55"
结束颜色为"H: 0、S: 0、B: 85"
不透明度为"30"
距离为"33"

图 8-23

"Direction"为"-30"
"Sweep Intensity"为"70"
"Edge Intensity"为"120"
"Edge Thickness"为"5.5"
"阻塞遮罩"为"5"

图 8-24

3. 文字动画制作

下面将以前面制作的 3D 文字动画为基础，讲解如何使用"发光""色调""曲线""CC Light Burst 2.5"和"CC Lens"效果控件，将加入的背景、粒子、烟雾、氛围光与动画配合，制作出炫酷的文字动画。

图 8-25 所示为需要实现的效果。

图 8-25

整理文件夹，并制作文字由小变大的动画

　　新建一个文件夹，并将其命名为"文字镜头"，整理项目面板中的文件，如图 8-26 所示。选中"文字镜头"文件夹，在该文件夹中创建一个持续 10 秒的合成，并将其命名为"文字 C-01"。

　　选中"文字 C-01"合成，将"文字 3D-01"合成拖曳到"文字 C-01"合成的时间轴面板中，如图 8-27 所示。

图 8-26

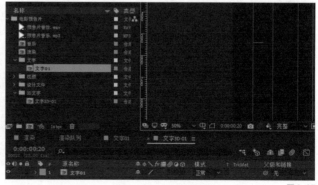

图 8-27

　　新建一个摄像机图层，并将其命名为"摄像机 1"，设置如图 8-28 所示。

　　新建一个空对象图层，并将其命名为"摄像机控制"，为"摄像机 1"图层与"摄像机控制"图层创建父子关系，如图 8-29 所示。将"摄像机控制"图层和"文字 3D-01"图层转换为 3D 图层。

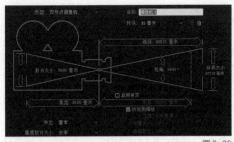

图 8-28

图 8-29

0 秒位置为 "960,540,135"
5 秒位置为 "960,540,0"

图 8-30

选中"摄像机控制"图层，设置"位置"关键帧动画，实现文字由小变大的效果，如图 8-30 所示。

制作文字动画的背景

将项目面板中的"背景 .jpg"图片拖曳到时间轴面板中"文字 3D-01"图层下方，如图 8-31 所示。

图 8-31

选中"背景 .jpg"图层，执行【效果 - 颜色校正 - 色调】命令，将"将白色映射到"设置为"H：0、S：0、B：65"，如图 8-32 所示。

图 8-32

为文字动画的背景添加更多的效果。在项目面板中，将"粒子"文件夹下的"1.mov""10.mov""3.mov""8.mov"和"9.mov"依次拖曳到时间轴面板中"背景.jpg"图层上方，并将"模式"设置为"屏幕"，如图 8-33 所示。

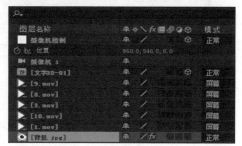

图 8-33

选中"1.mov"图层，执行【效果 - 风格化 - 发光】和【效果 - 颜色校正 - 色调】命令，并将"将白色映射到"设置为"H：20、S：100、B：100"，如图 8-34 所示。

图 8-34

161

将项目面板中的"氛围光"视频拖曳到时间轴面板中"摄像机控制"图层上方，将"模式"设置为"屏幕"，效果如图 8-35 所示。

将项目面板中"烟雾"文件夹中的"12 烟雾 .mp4"视频拖曳到时间轴面板中"摄像机控制"图层上方，将"模式"设置为"屏幕"，如图 8-36 所示。

关闭"12 烟雾 .mp4"图层的"喇叭"，将其声音去掉，按 T 键，将"不透明度"设置为"20"，效果如图 8-37 所示。

图 8-35

图 8-36

图 8-37

新建调整图层，并将其命名为"颜色控制"。选中调整图层，执行【效果－颜色校正－曲线】命令，如图 8-38 所示。

图 8-38

分别调整"蓝色"通道和"绿色"通道曲线图，区分亮部颜色与暗部颜色的冷暖关系，如图 8-39 所示。

再次新建调整图层，并将其命名为"转场控制"。将调整图层拖曳到时间轴面板中"摄像机控制"图层上方。选中调整图层，执行【效果－生成－CC CC Light Burst2.5】命令，设置"Intensity"和"Ray Length"的关键帧动画，如图 8-40 所示。

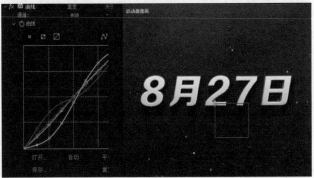
图 8-39

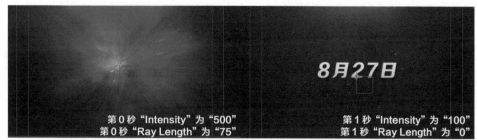

第 0 秒 "Intensity" 为 "500"　　　　　　　　第 1 秒 "Intensity" 为 "100"
第 0 秒 "Ray Length" 为 "75"　　　　　　　　第 1 秒 "Ray Length" 为 "0"

图 8-40

按 U 键，显示"转场控制"图层的所有关键帧信息。利用图表编辑器，为其"Intensity"和"Ray Length"的关键帧添加降速变化的效果，如图 8-41 所示。

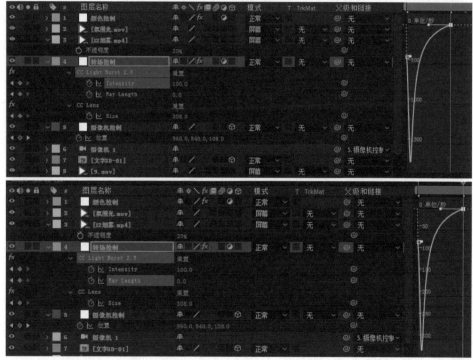

图 8-41

选中"转场控制"图层，执行【效果 - 扭曲 -CC Lens】命令，并设置"size"关键帧动画，同样设置降速变化效果，如图 8-42 所示。

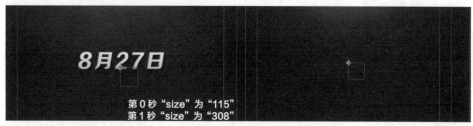

第 0 秒 "size" 为 "115"
第 1 秒 "size" 为 "308"

图 8-42

4. 快速替换内容制作其他镜头

下面将以前面制作的动画为基础，讲解如何利用文字"8月27日"的相关合成，快速制作文字"有史以来最大的冒险""回归大银幕""震撼3D体验"和"饕餮视觉盛宴"的镜头。

图8-43所示为需要实现的效果。

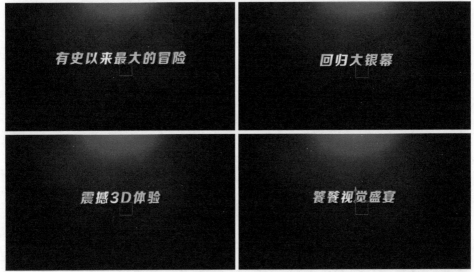

图8-43

选中项目面板中"文字"文件夹中的"文字01"合成，连续按4次快捷键Ctrl+D，重复该合成，由此得到"文字02""文字03""文字04"和"文字05"4个合成，如图8-44所示。

在项目面板中双击"文字02"合成。将查看器面板设置为"1个视图"。在"文字02"的时间轴面板中将"文字01"图层重命名为"文字02"。双击"文字02"图层，修改文字内容为"有史以来最大的冒险"，关闭"粗体"，效果如图8-45所示。

　　图8-44　　　　　　　　　　　　　　　　　　　　　　　　　　图8-45

同理，对"文字 03"合成、"文字 04"合成和"文字 05"合成进行处理，分别将文字内容替换成"回归大银幕""震撼 3D 体验""饕餮视觉盛宴"，效果如图 8-46 所示。

图 8-46

选中项目面板中"设计文件"文件夹下"3D 文字"文件夹中的"文字 3D-01"合成，连续按 4 次快捷键 Ctrl+D，重复该合成，并将得到的 4 个合成分别重命名为"文字 3D-02""文字 3D-03""文字 3D-04"和"文字 3D-05"，如图 8-47 所示。

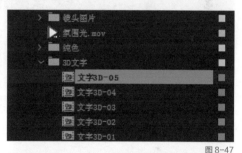

图 8-47

在项目面板中双击"文字 3D-02"合成，在时间轴面板中单击"图层名称"使其变为"源名称"，按住 Shift 键选中所有图层。按住 Alt 键，将项目面板中的"文字 02"合成拖曳到时间轴面板中，所有图层的源文件由"文字 01"调整为"文字 02"，将查看器面板中的文字替换为"有史以来最大的冒险"。同理，对其他几个合成执行同样的操作，效果如图 8-48 所示。

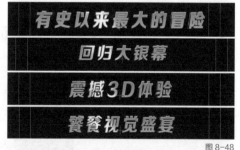

图 8-48

选中项目面板中"设计文件"文件夹下"文字镜头"文件夹中的"文字 C-01"合成，连续按 4 次快捷键 Ctrl+D，重复该合成，并将得到的 4 个合成分别重命名为"文字 C-02""文字 C-03""文字 C-04"和"文字 C-05"，如图 8-49 所示。

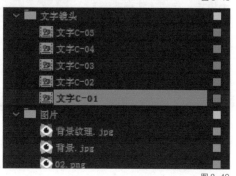

图 8-49

在项目面板中双击"文字 C-02"合成，在时间轴面板中单击"图层名称"使其变为"源名称"，按住 Shift 键，选中所有图层。按住 Alt 键，将项目面板中的"文字 C-02"合成拖曳到时间轴面板中，所有图层的源文件由"文字 3D-01"调整为"文字 C-02"，将查看器面板中的文字替换为"有史以来最大的冒险"。同理，对其他几个合成执行同样的操作，效果如图 8-50 所示。

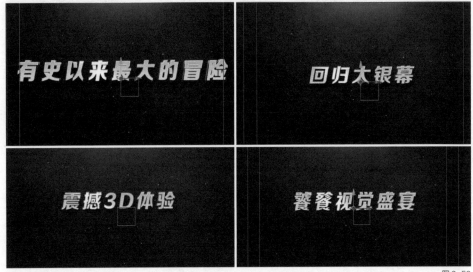

图 8-50

5. 文字动画与音、视频素材的拼接

下面将把前面制作完成的 5 个动画、"音乐"合成和镜头图片在"渲染"合成中拼接，完成《狂野非洲》预告片的主体部分。

图 8-51 所示为需要实现的效果。

图 8-51

在项目面板中将预先制作完成的"音乐"合成拖曳到"渲染"合成的时间轴面板中，单击时间轴面板中的"消隐"按钮，显示预先制作完成的被隐藏的视频图层，打开所有图层前"眼睛"，如图 8-52 所示。这些视频图层已经按照音乐的节奏放置到了合适的时间点。

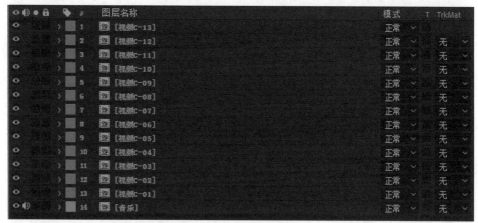

图 8-52

将制作完成的文字动画穿插至视频中。将项目面板中的"文字 C-01"合成拖曳到时间轴面板中"音乐"图层的上方，如图 8-53 所示。

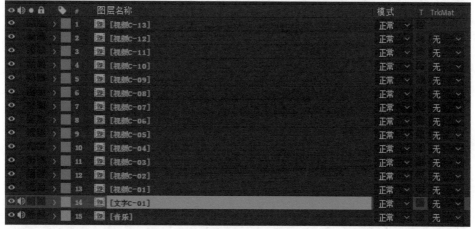

图 8-53

选中"视频 C-01"图层，按 U 键，显示所有关键帧信息。在第 2 秒 12 帧时，按快捷键 Alt+]，编辑该图层工作区的出点，如图 8-54 所示。

将项目面板中的"文字 C-02"合成拖曳到时间轴面板中"文字 C-01"图层的上方，在第 3 秒 12 帧时，按快捷键 Alt+[，编辑"文字 C-02"图层工作区的入点，如图 8-55 所示。

将时间指示器拖曳到第 5 秒 20 帧，按快捷键 Alt+]，编辑"文字 C-02"图层工作区的出点，如图 8-56 所示。

同理，将其他文本图层放置到合适的位置，并设置好工作区。

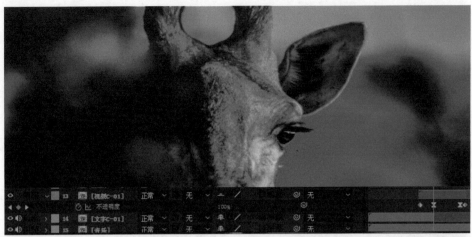

图 8-54

图 8-55

图 8-56

6. 片尾制作

前面已经将《狂野非洲》预告片的主体部分制作完成了，下面讲解片尾的制作。下面将利用前面制作的合成完成片尾文字"狂野非洲"动画的制作，并为片尾替换背景。

图 8-57 所示为需要实现的效果。

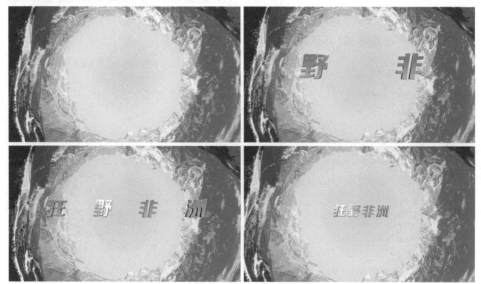

图 8-57

将项目面板中"文字 05"合成复制，并将复制的合成重命名为"文字 06"。双击"文字 06"合成，将时间轴面板中的"文字 05"图层重命名为"文字 06"。双击"文字 06"图层，修改文字内容为"狂野非洲"，如图 8-58 所示。

将项目面板中"设计文件－3D 文字－文字 3D-05"合成复制，得到"文字 3D-06"合成。双击该合成，按住 Shift 键选中所有图层。在项目面板中按住 Alt 键将"文字 06"合成拖曳到时间轴面板中，所有图层的源文件由"文字 05"调整为"文字 06"，如图 8-59 所示。

图 8-58

图 8-59

将项目面板中"设计文件－文字镜头－文字 C-05"合成复制，并将复制的图层重命名为"文字 C-06"。双击该合成，选中时间轴面板中的"文字 3D-05"图层，在项目面板中按住 Alt 键将"文字 3D-06"合成拖曳到时间轴面板中的"文字 3D-05"图层上，所有图层的源文件由"文字 3D-05"调整为"文字 3D-06"，效果如图 8-60 所示。

图 8-60

将项目面板中的"电影预告片 − 镜头图片 −4.jpg"文件拖曳到"背景"图层的上方，然后删除"背景"图层，调整新背景图层的大小，如图 8-61 所示。

图 8-61

删除"颜色控制"图层、"氛围光 .mov"图层和"12 烟雾 .mp4"图层，效果如图 8-62 所示。

图 8-62

双击时间轴面板中的"文字 3D-06"图层，打开"文字 3D-06"的时间轴面板。关闭"阴影"图层前的"眼睛"，关闭"高光"图层和"中间色"图层的投影，如图 8-63 所示。

打开"文字 C-06"的时间轴面板，选中"14.jpg"图层，为其添加放大的动画，如图 8-64 所示。

打开"渲染"合成的时间轴面板，将项目面板中的"文字 C-06"合成拖曳到时间轴面板中"文字 C-05"图层的上方，设置其工作区的入点在"文字 C-05"图层工作区的出点，如图 8-65 所示。

图 8-63

> **提示 ⚡**
>
> 将时间指示器拖曳到第 26 秒 16 帧，按住 Shift 键单击时间指示器，时间指示器自动对齐"视频 C-13"图层最后一帧的位置。
>
> 将项目面板中的"文字 C-06"合成拖曳到时间轴面板中"文字 C-05"图层的上方，按 [键，将"文字 C-06"图层工作区的入点对齐到时间指示器的位置。

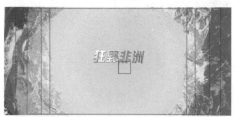

图 8-64

在"渲染"合成中只有"音乐"图层需要有声音，其他图层不需要声音。关闭"文字 C-01"图层~"文字 C-06"图层前的"小喇叭"，如图 8-66 所示。

图 8-65

图 8-66

展开"音乐"图层后，展开"音频 – 波形"选项，显示音频的波形。将时间指示器拖曳到"音乐"图层最后重音的位置，双击时间轴面板中的"文字 C-06"图层，进入"文字 C-06"的时间轴面板。选中"文字 3D-06"图层，拖曳其工作区，使之与时间指示器对齐，如图 8-67 所示。

图 8-67

171

　　打开"渲染"合成的时间轴面板，单击"消隐"按钮，隐藏视频图层。新建调整图层，并将其命名为"调整器"。选中调整图层，执行【效果－杂色和颗粒－杂色】命令，将"杂色数量"设置为"2"；执行【效果－模糊和锐化－锐化】命令，将"锐化量"设置为"10"，如图 8-68 所示。

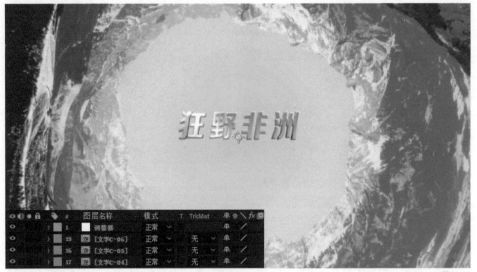

图 8-68

　　在项目面板中，将"电影预告片"文件夹下"设计文件"文件夹中的"影片遮幅"图片拖曳到时间轴面板中"调整器"图层的上方，效果如图 8-69 所示。

　　预览动画，若动画无误即可渲染输出。

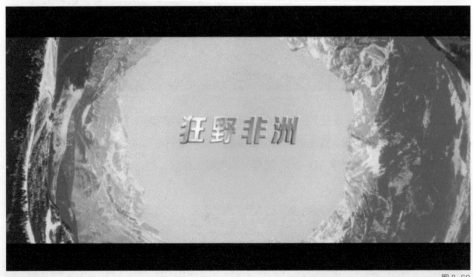

图 8-69

训练营 8 制作《狂野非洲》预告片

使用提供的素材和本课学习的知识制作《狂野非洲》预告片，读者可完全按照前面讲解的步骤制作，也可按照自己的想法制作。

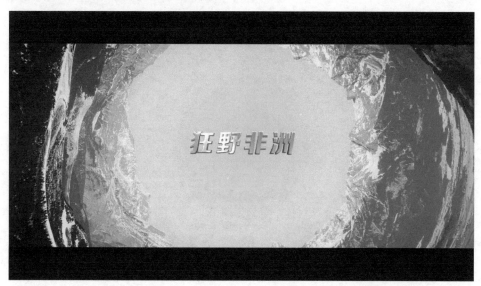

打开每日设计 App，在本书页面的"训练营"栏目可以找到本题。提交作业，即可获得专业的点评。

一起在练习中精进吧！

打开每日设计 App，输入并搜索对应字符观看制作各部分的详细教学视频。

"SP020802"——基础文字动画制作

"SP020803"——3D 文字效果制作

"SP020804"——文字动画制作

"SP020805"——快速替换内容制作其他镜头

"SP020806"——文字动画与音、视频素材的拼接

"SP020807"——片尾制作

模拟真实项目——
制作《家的味道》片头

片头是影片、节目的开头，是留给观众的第一印象，用于影片、节目等气氛的营造和气势的烘托，呈现作品名称、制作单位、作品信息等内容。它应从总体上展现作品的风格。

本课将从制作前的准备、提取并剪辑素材、配合视频制作文字动画、镜头合成几方面讲解如何完成《家的味道》片头制作。

1. 制作前的准备

片头是将作品名称、制作单位、作品信息等文字内容与影片、节目等中的精彩镜头结合而制作出的一段影音材料。下面将从制作思路和创建项目两部分讲解《家的味道》片头在制作前需要做的一些准备。

打开每日设计 App，输入并搜索"SP020901"观看该视频。

制作思路

《家的味道》是一档美食类节目，剧组提供了一个素材文件夹，我们需要利用剧组提供的素材为该节目制作片头。

首先查看素材。打开素材文件夹，其中有 10 个实拍镜头、1 个 PNG 格式的《家的味道》Logo 定版图片和 1 个片头文字的 Word 文件。

接着根据提供的素材设想片头应该如何制作。这里需要把片头文字和 Logo 定版图片合理地安排到实拍镜头中，并为文字制作不同的动画。片头以文字动画和蒙版动画为主，并对视频镜头进行运动跟踪、调色等。

创建项目

明确制作思路后，要对提供的素材进行整理并创建项目。

首先打开 AE，创建一个新项目，然后在新项目中新建一个文件夹，并将其命名为"家的味道"。在"家的味道"文件夹中新建一个文件夹，并将其命名为"素材"。将所有的素材导入项目面板中的"素材"文件夹。"素材"文件夹中 PNG 文件是节目名称的 Logo。

由于剧组提供的视频素材较短，且每个视频素材都会用到，所以直接将所有素材导入 AE 即可。

最后，在"家的味道"文件夹中再新建两个文件夹："镜头"文件夹，镜头的合成文件全部放到这里；"片头文字"文件夹，Word 文件中所有演职人员职位和姓名的文字动画合成全部放到这里。

此时的项目面板如图 9-1 所示。

图 9-1

 打开每日设计 App，输入并搜索"SP020902"观看制作前需要的教学视频。

2. 提取并剪辑素材

如果我们对影片、节目中的某些镜头非常满意，在制作片头时就会优先考虑使用这些镜头，需要根据实际情况提取并剪辑素材。下面将讲解如何提取指定视频素材及如何剪辑素材。

提取素材

导演会根据场记的记录以该镜头在完整视频中的时间来标注满意的镜头，而我们收到的素材可能只是视频片段。因此，需要修改 AE 中视频的时间显示样式，使时间显示为在完整视频中的时间。

执行【文件－项目设置】命令，在弹出的"项目设置"对话框中的"时间显示样式"选项卡中，将"素材开始时间"设置为"使用媒体源"，如图 9-2 所示。设置完成后，可以看到"c-01- 背景"素材的时长为 25 秒左右，位于完整视频中的"17:31:59:05~17:32:24:09"，如图 9-3所示。这样，就可以将视频片段的时间和场记所记录的时间对应，找到导演满意的相应镜头，将其提取出来。

图 9-2

图 9-3

剪辑素材

提取完镜头，还需要根据梳理好的制作思路及镜头本身，将需要使用的镜头生成合成并剪辑好。这些合成创建在"镜头"文件夹中。本案例的视频剪辑涉及两个特殊问题：改变视频速度和影片倒放。

▌改变视频速度

"c-02 西红柿 .MOV"视频的时长偏长，需要将它的时长缩短。剪辑好"c-02 西红柿 .MOV"视频后，选中该图层，执行【效果－时间－时间扭曲】命令，在效果控件面板中将"方法"设置为"全帧"，将"调整时间方式"设置为"速度"，将"速度"设置为"70.00"，将视频的速度加快，如图 9-4 所示。

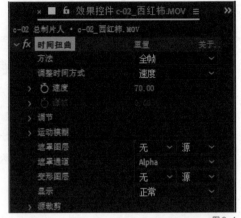

图 9-4

▌影片倒放

"c-08 黄瓜 .MOV"视频的内容是将合在一起的两段黄瓜拉开后，合到一起，再拉开的重复动作。视频中把黄瓜从拉开状态合在一起的过程效果较好，而需要的素材是将合在一起的两段黄瓜拉开，所以需要将视频倒放。

选中"c-08 黄瓜 .MOV"图层，执行【图层－时间－时间反向图层】命令，将视频倒放，如图 9-5 所示。

图 9-5

将视频素材挑选出来之后，在项目面板中"家的味道"文件夹下新建一个合成，并将其命名为"最终合成"，将"持续时间"设置为"47 秒"。在制作完所有镜头后，会将所有的镜头在"最终合成"中进行拼接。

 打开每日设计 App，输入并搜索"SP020903"观看挑选并剪辑素材的教学视频。

3. 配合视频制作文字动画

在前面已经将视频素材创建为合成并完成剪辑，下面将制作文字动画，将其与视频合成配合。

镜头"c-01 出品人"制作

镜头"c-01 出品人"的完成效果如图 9-6 所示。效果为在镜头平移的过程中，一条白线由镜头的右侧向左侧迅速飘过，文字由中间向上下展开。

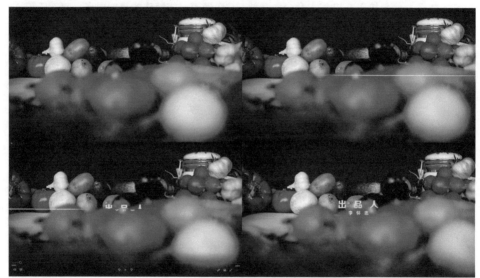

图 9-6

▌ 文字动画制作

在"片头文字"文件夹下创建与镜头"c-01 出品人"合成持续时间相同的"c-01 出品人"文字合成。该合成的尺寸不用太大，够用即可。在该合成中新建文本图层，输入文字"出品人 李怀忠"并进行排版。

此镜头通过"位置"和"蒙版路径"关键帧动画实现文字由中间向上下展开的效果。利用形状图层的"位置"关键帧动画，实现白线由镜头右侧向左侧迅速飘过的效果。利用运动模糊制作白线飘过产生的动态模糊，利用"不透明度"关键帧动画使文字产生淡出效果，调整文字颜色时需要颜色与白线颜色有所区分。

在文字动画的制作过程中，需要打开标尺、标题安全区域和动作安全区域，用来确定文字展开的位置并确保文字在安全位置内。

▌ 颜色调整

因为所有素材基本上是在相同环境下拍摄的，所以在这里对镜头进行颜色调整后，可以将调色相关的图层复制到其他镜头中。

本案例中需要进行颜色调整的情况主要有两种：一种是镜头曝光过度，另一种是镜头对比度不够。

◆镜头曝光过度。新建一个调整图层，并将其重命名为"调色"。选中调整图层，执行【效果－颜色校正－曲线】命令进行简单调色。调整 RGB 通道，将镜头的亮部压暗。调整红色通道将亮部稍微提亮，暗部稍微压暗。调整绿色通道，增加亮部的绿色，将暗部的绿色稍微减少。

◆镜头对比度不够。新建一个调整图层，并将其重命名为"对比度"。选中调整图层，执行【效果－颜色校正－曲线】命令，调整 RGB 通道，将镜头的亮部提亮，暗部压暗。

▌运动模糊

在制作过程中，为节省资源，可以将运动模糊关掉，在最后渲染时，再开启运动模糊。这样镜头"c-01 出品人"和文字动画就制作完毕。

镜头"c-02 总制片人"制作

镜头"c-02 总制片人"的完成效果如图 9-7 所示。效果为一条白线将西红柿切成两半，呈扇形分布的文字弹性展开。

图 9-7

此镜头使用仿制图章工具进行绘画，使西红柿在被白线切开前保持完整。利用"不透明度"关键帧动画使西红柿被切开的动画更加自然。利用钢笔工具绘制弧线蒙版，将文本图层的"路径"调整为"蒙版"，使文字呈扇形分布。利用"位置"关键帧动画产生文字弹性展开的效果。

镜头"c-03 总编审"制作

镜头"c-03 总编审"的完成效果如图 9-8 所示。效果为在切开的黄瓜中出现文字。

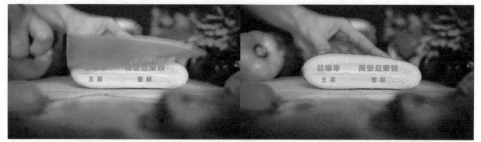

图 9-8

此镜头利用蒙版路径动画实现在切开黄瓜的刀子拿起时，黄瓜中的文字随之出现的效果。使用运动跟踪，使黄瓜在抖动时文字随其一同抖动，模拟文字写在黄瓜上的效果。

镜头"c-04 制片人"与镜头"c-05 商业总监"制作

镜头"c-04 制片人"和镜头"c-05 商业总监"的完成效果如图 9-9 所示。效果为文字随着胡萝卜切片的移动和土豆的滚动出现。

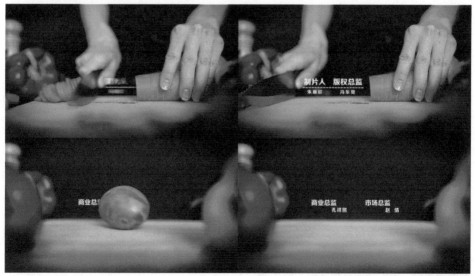

图 9-9

此镜头利用"蒙版路径"关键帧动画实现文字随着胡萝卜移动和土豆滚动出现的效果。

镜头"c-06 总顾问"制作

镜头"c-06 总顾问"的完成效果如图 9-10 所示。效果为文字随着黄瓜切片的移动路径伸缩展开。

此镜头利用钢笔工具绘制直线蒙版，将文本图层的"路径"调整为"蒙版"，制作"路径"下的"首字边距"和"末字边距"关键帧动画，从而实现随着黄瓜切片的移动路径文字伸缩展开的效果。

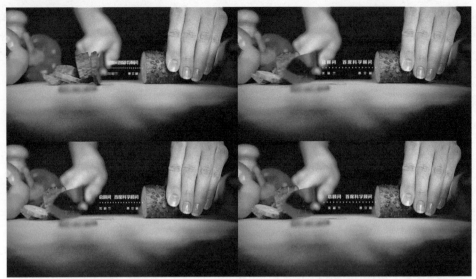

图 9-10

镜头"c-07 解说"制作

镜头"c-07 解说"的完成效果如图 9-11 所示。效果为文字随着胡萝卜的滚动出现。

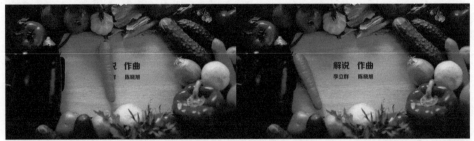

图 9-11

此镜头利用"蒙版路径"关键帧动画实现随着胡萝卜的滚动文字出现的效果。

这个镜头是以俯视的角度拍摄的，与其他镜头色调不同，镜头颜色调整的相关图层不能直接复制，需要单独处理该镜头的色调。

镜头"c-08 执行总导演"制作

镜头"c-08 执行总导演"的完成效果如图 9-12 所示。效果为一条白线将黄瓜切成两半，随着黄瓜的拉开路径而展开文字。

此镜头中一条白线将黄瓜切成两半，与镜头"c-02 总制片人"中一条白线将西红柿切成两半动画的制作方法相似。利用仿制图章工具进行绘画，使黄瓜在被白线切开前保持完整，利用"不透明度"关键帧动画使黄瓜的切开动画更加自然。

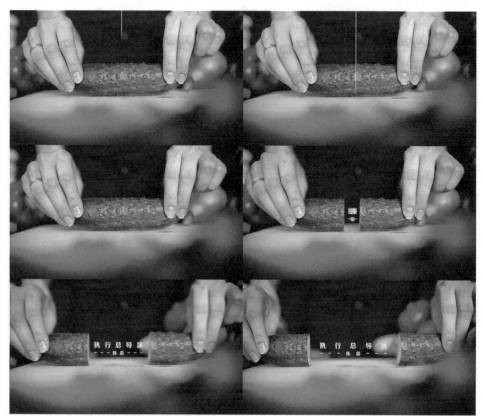

图 9-12

文字随着黄瓜的拉开路径而展开，与镜头"c-06 总顾问"中文字随黄瓜切片的移动路径伸缩展开动画的制作方法相似。利用钢笔工具绘制直线蒙版，将文本图层的"路径"调整为"蒙版"，制作"路径"下的"首字边距"和"末字边距"关键帧动画，从而实现文字随着黄瓜的拉开路径而展开的效果。

镜头"c-09 总导演"制作

镜头"c-09 总导演"的完成效果如图 9-13 所示。效果为文字随着小葱的拉开而显示。

图 9-13

此镜头利用"蒙版路径"关键帧动画实现将文字随着小葱的拉开而显示，模拟文字写在菜板上被小葱遮挡的效果。

镜头"c-10 片名"制作

镜头"c-10 片名"的完成效果如图 9-14 所示。效果为 Logo 随着菜板上的蔬菜移开而显示，并随着菜板一同抖动。

图 9-14

此镜头利用"蒙版路径"关键帧动画实现 Logo 随着菜板上的蔬菜移开而显示。使用运动跟踪，使菜板在抖动时 Logo 随其一同抖动，模拟 Logo 贴在菜板上的效果。

打开每日设计 App，输入并搜索对应字符观看制作各镜头的详细教学视频。

"SP020904"——镜头 c-01

"SP020905"——镜头 c-02

"SP020906"——镜头 c-03 和镜头 c-04

"SP020907"——镜头 c-05~ 镜头 c-07

"SP020908"——镜头 c-08~ 镜头 c-10

4. 镜头合成

前面已经将所有的镜头制作完毕，下面将之前制作完毕的镜头进行合成。

完成"最终合成"

首先，将已完成的所有镜头拖入"最终合成"的时间轴面板中。接着，根据每个镜头的开始画面、结束画面和出现顺序将它们依次排列，如图 9-15 所示。在镜头过渡的位置可以通过"不透明度"关键帧动画进行转场，使下一个镜头淡入出现。最后，将"最终合成"时长调整为所有镜头展示完毕所需的时间。

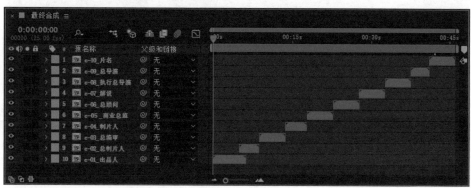

图 9-15

输出项目

将之前关闭的"运动模糊"打开，预览动画无误后，按快捷键 Ctrl+M，将"最终合成"添加到渲染队列。在渲染队列面板中对该合成的输出进行设置，设置完毕后渲染输出该合成。至此，《家的味道》片头制作完毕。

在合成文件中可以加入音乐，根据音乐节奏对整个片头的时长进行调整。由于音乐的制作和镜头的制作是完全分开的，所以本课就不讲解音乐节奏的编辑，只讲解运用 AE 制作相应镜头的方法。

打开每日设计 App，输入并搜索"SP020909"观看本案例的详细教学视频。

训练营 9 制作《家的味道》片头

　　使用提供的素材和本课学习的知识制作《家的味道》片头，读者可完全按照前面讲解的步骤制作，也可按照自己的想法制作。

　　打开每日设计 App，进入本书页面，在"训练营"栏目可以找到本题。提交作业，即可获得专业的点评。
　　一起在练习中精进吧！